脱原発の罠

日本がドイツを見習ってはいけない理由

川口マーン惠美

草思社文庫

＊本書は、二〇一五年四月に当社より刊行した『ドイツの脱原発がよくわかる本――日本が見習ってはいけない理由』を改題し、加筆・修正して文庫化したものです。

＊本文中の「＊追記」は、単行本刊行後に生じた事実に関する情報を追記したものです。

まえがき　リスクマネージメントとは何か？

目の手術は原則として、一人の医師が両目いっぺんにすることはない。どうしても両目一度にしなければならないときは、２人の医師が、器具などもすべて分けて、片目ずつ担当する。一人で一度にすると、万が一、器具や手袋が雑菌で汚染されていた時、眼内炎を引き起こすかもしれず、それが最悪の経過を辿ったなら、両目を失明してしまう危険があるからだ。しかし、片目ずつ手術すれば、万が一の失明を片方の目に限定することができる。

それを聞いたとき、初めてリスクマネージメントとは何かということに気づいた。リスクマネージメントとは、リスクをゼロにすることではないのだ。リスクがあるということを前提に、ありとあらゆるリスクに対して、事前に対策を立てることだ。

もちろん、リスクを限りなく少なくするための努力はする。しかし、出発点はあくまでも、どんなに努力をしても、リスクはゼロにはできないという認識だ。つまり、重箱の隅をつついたらやっと出てくるほどの小さなリスクが、あらゆる悪い偶然の助けにより、雪だるま式に膨らみ、最悪の経過をたどるという状況を想定する。そして、どうすれば、そのようなリスクに迅速に気づき、被害を最小限で食い止め、再び正常な状態に戻すことができるかを考えるのが、リスクマネージメントなのだ。

日本人は、リスクというとまず自然災害が頭に浮かぶ。地震のリスクをゼロにすることは不可能だ。だから、それに対しての対策を考える。ここのところまでは、リスクマネージメントの手法に適っている。

ところが、人為的なミスに関しては、ゼロにできるような思い込みが強い。だから、医者が、「感染症が起こったときのために、片目ずつ手術をします」といえば、心底からは承服できない。感染症など起こさないようにするのが医者の務めだと考える。やる前から失敗の可能性を話すような医者はけしからんと思う。

しかし、それはリスクマネージメントではない。感染症のリスクをゼロにしなくてはいけないなら、手術はできない。手術をしなければ、感染症は防げるが、患者は失明するかもしれない。何かをする限り、リスクはゼロにはできないのである。

翻って、反原発の人々が求めているのが、リスクゼロだ。しかし、日本は津波と地震の国なので、１０００年活動をやめていた火山が突然爆発するかもしれない。巨大な隕石も落ちるかもしれない。つまり、リスクゼロを求めている限り原発は動かせない。原発を動かさないことが目的である人にとっては、喜ばしい状況だ。

しかし、原発を動かさないというのは、本当に良いことなのだろうか？　電気は技術の進歩と産業の発展と、そして、豊かな市民生活の源だ。だからこそ、先人たちは安価で質の良い電気の供給を目指して、血の滲むような努力をしてきた。貧資源国ドイツと日本が、１９７０年代のオイルショックのあとに原発を推進し、健全なエネルギーミックスに向かって尽力し始めたのは偶然ではない。おかげでこの両国は、産業と技術を存分に発展させることができた。

自然界にリスクが存在するのと同じように、すべての技術にはリスクが存在する。リスクをゼロにすれば、飛行機は飛ばせないし、医学は進歩しない。

もちろん、原発にもリスクはある。しかし、今、行われている原発の安全議論はおかしなことばかりだ。そもそも、東日本大震災の１０００年に一度といわれた大地震のとき、原発はすべて停止したのだ。福島第一は津波に対する対策が不完全だったため、大事故を引き起こした。しかし、その違いは曖昧にされたまま、今、ありえないリスクゼロを求めて不毛な議論が続く。それは、再びありえない安全神話につながっていく道ではないだろうか。

あのような事故を二度と起こさないために必要なのは、恐怖心をあおることではなく、冷静なリスクマネージメントだ。

今、原発に求められている安全基準は、途方もないレベルだということを、どれだけの人が知っているだろう。もし、あそこまでの厳重な対策にもかかわらず、原発がやられてしまうほどの大災害が起こったなら、原発とは関係なく、あたり一帯も壊滅状態になっているはずだ。いや、それよりも、見渡す限り壊滅した風景の中で、原発だけが無傷で残る可能性の方が高い。私たちは、もう少し、現実的に状況を見ることはできないものだろうか。

私たちの周りは、すでに予断がならない状況だ。戦後70年かけて築き上げてきた富は、今、両手の指からするすると零れ落ちている。富が底を突けば、技術は逃げる。政治力も軍事力もエネルギーもなく、食料の自給もできない国が技術を失ったら、いったい何が残るというのだ。あっという間に、職もなく、福祉も、年金もなく、主権さえ満足に行使できない悲しい国になってしまうことは間違いない。主権のない国は、もちろん国民の人権も守れない。

ドイツは4年前、2022年までに原発を全廃すると決めた。それ以来、この国で、起こっているできごとは、私たちが、私たちの置かれた状況と、これからの進路について冷静に考えるために、ぜひとも知っておくべきことばかりである。ドイツ人社会の真っただ中で30年以上も暮らしてきた者として、ドイツで何が起こっているか、ドイツ人が何を考えているかということなら、日本の人々に伝えることができる。いや、それを伝えることこそが、自分の使命だと思っている。どうか、耳を傾けてほしい。

本書の目的は、再生可能エネルギー（再エネ）開発を阻止することではない。世界一厳しい安全基準を通った原発を稼働させるリスクと、稼働させないリスクを比べてもらいたいというものだ。日本を植民地のような国にしないために、もう一度、皆で考え、力を合わせられればと心から願う。

＊本文写真提供　電気事業連合会／東京電力／東北電力

脱原発の罠◉目次

第1章　ドイツが脱原発を決めるまでの紆余曲折

ドイツの反原発運動はいつ始まったか

ドイツが原発推進の方向を決定したのは1955年、ジュネーブで開かれた原子力平和利用国際会議がきっかけだ。この会議では、日本を含めた世界72カ国の原子物理学者や政治家が集まり、原子力の平和利用の推進、とりわけ原発の開発が協議された。アメリカ、ソ連、イギリスなどが、競うように原子力技術についての情報を公開した。それを聞いたドイツは激しい衝撃を受け、この10年の遅れをどうやって取り戻せば良いかと愕然としたという。

そんなわけで、その後のドイツでは、原発建設計画にスイッチが入った。そして、それに伴い、建設予定地、あるいは、廃棄物貯蔵地の候補地となった地域で反原発運動が始まった。初期の反原発運動は、反核の平和運動とも重なって、学生運動の流れを汲んでいた。50、60年代、まだ局地的なものにすぎなかったそれは、70年代には全国的な動きとなっていく。

73年の秋、第四次中東戦争が勃発し、世界はオイルショックに陥った。石油を持たない日本とドイツは窮地に追い込まれ、日本ではテレビの深夜放送が自粛され、トイレットペーパーや洗剤が店頭から消えた。

一方ドイツでは、この年の11月、12月の4度の日曜日、車の運転が禁止された。クリスマス前の一番人出の多い時期だったから、衝撃は大きかった。そして翌1月、石油価格は4倍に跳ね上がった。この年、日本の経済成長は戦後初めてマイナスとなり、ドイツでも奇跡の経済成長に終止符が打たれた。

オイルショックがドイツと日本の産業界、および、国民の心情に与えた影響は大きい。特に日本人は、自国の繁栄が、いかに中東の石油に依存しているかを思い知った。日本が発展していくためには、他国への過度なエネルギーの依存を断ち切らなければならない。その悲痛な思いから、省エネの技術が進んだ。そして、当然のことながら、ドイツでも日本でも原発がいっそう脚光を浴びることになった。

そのちょうど真っただ中に、スリーマイル島の事故が起こり、ドイツの反原発運動の沸点はさらに跳ね上がる。ハンブルクでは抗議の焼身自殺者まで出た。エコ内戦といわれ、「〝石器時代への回帰〟か〝原子力全体主義国家〟か？」などという極論がまかり通った。79年の秋には、当時の首都ボンで10万人デモが起こった。

70年代の反原発デモを主導したのは普通の市民だった

日本でも原発の建設が本格化した70年代、ドイツと同じく反原発運動が盛り上がった。ただ、日本とドイツで違うのは、日本のそれが学生運動の衰退とともに下火になっていったのに対し、ドイツでは学生運動衰退後も終息せず、一般市民を取り込んでいったことだ。つまりドイツでは、特定のイデオロギーに支配されず、組織の方針などといった縛りも持たず、純粋に原発の是非について考え、自由意思で運動に参加していた普通の人々が、次第に反原発運動の主流となっていったのだった。

その割合は、最初は小さなものであったが、それが、その後のドイツの反原発運動の純粋な核となる。彼らの存在があったからこそ、ドイツの反原発運動は厚みを増していった。そう、ドイツにはすでに40年の〝抵抗〟の歴史があるのだ。

ドイツのニュルンベルクにおもちゃ博物館というのがある。ニュルンベルクは600年のおもちゃの製造と販売の歴史を誇る町だ。この博物館へいくと、中世からのおもちゃの歴史がすべてわかる。

70年代のおもちゃが展示してある部屋に入ると、大きなショーケースに、プレイモービルが飾ってあった。プレイモービルの誕生が70年代であったらしい。プレイモービルというのは、プラスチック製の小さなモデルで、いろいろなテーマに合わせて買い揃えていく。たとえば病院シリーズなら、お医者さんや看護婦さん、患者、ベッド、搬送用のヘリコプターなど。

さて、その70年代を象徴するおもちゃ、プレイモービルがショーケースの中で演出した、やはり70年代を象徴するシーンは何であったろう？　それは、１００以上もの小さな人形が、旗やら幟《のぼり》を手に隊列を作って練り歩いているデモ行進の光景だった。面白いなと思ってそばに寄り、その人形たちの掲げている小さな幟を見てハッと驚いた。そこには「原発ノー・サンキュー」とか、「原発は死をもたらす」と書いてあった。

つまり、ドイツの70年代とは、プレイモービルが生まれ、同時に、反原発のデモに象徴される時代であったのだ。ニュルンベルクのおもちゃ博物館が、ドイツの70年代の世相をまさに的確に表現していた。

チェルノブイリからの放射性物質がドイツの牛乳に

反原発の市民運動に、もう一度大きな弾みをつける決定的なきっかけとなったのは、チェルノブイリの事故だ。１９８６年4月の事故直後、風に乗って飛んできた放射性物質が南ドイツのバイエルン州の牧草地に降り、その草を食んだ牛の乳から放射性物質が検出された。ドイツ中の母親たちはパニックに陥り、以後、ドイツ人はこの事件を決して忘れることがなかった。そしてそれから25年間、事あるごとに反原発のデモが開かれた。

まず最初の成果として、２０００年に政府は電力会社と「脱原発合意」を取り決め、また同年、「再生可能エネルギー法」も制定された。つまり、そういう意味では、２０１１年のドイツでの脱原発の決定は、国民の意思であったといえる。国民の気持ちの中では「ようやく」という思いが強く、間違っても、唐突なことではなかったのである。

政府が脱原発を決定したのは2000年になってから

ただ、多くの国民の意思とは違い、ドイツのエネルギー政策が脱原発に向かって一直線で進んだわけではない。

政治の動きを時系列で見ていくと、脱原発の端緒は前述の通り、00年、当時のSPD（ドイツ社民党）と緑の党の連立政権が、大手電力会社4社との間で取り決めた「脱原発合意」だ。具体的にいうと、現在稼働しているすべての原発は、ある一定の量の発電を終えた時点で、徐々に停止していくという取り決めである。これによれば、各原発の停止時期はそれぞれ異なるが、具体的には、平均残り32年の稼働年数ということになった。

2014年になって、この合意を取り決めたシュレーダー元首相が当時を回想し、興味深いことをいっている。32年という年数がどこから出てきたか？　それは、電力会社が40年と主張し、緑の党など反原発派が25年と主張したため、それを足して2で割っただけだったのだそうだ。

なお、この「脱原発合意」には、新しい原発を造らないという取り決めも含まれた。つまり、原発を近い将来に全廃するということを目標に据えた、将来のエネルギー政策に対する決定的な方向付けは、このときに定められたわけである。SPDと緑の党は、チェルノブイリ後、ずっと反原発運動を牽引してきた政党である。したがって、「脱原発合意」はこの連立政権の功績として、当時も今も、大きく評価されている。

その後05年、CDU／CSU（キリスト教民主同盟／キリスト教社会同盟）が政権に返り咲き、メルケル首相の下、SPDとの大連立政権が成立した。当時のドイツでは、CDU／CSUが原発容認、SPDが反原発という図式がすでに確立しており、この大連立でも両党は、エネルギー政策に関しては歩み寄りが果たせなかった。連立にあたり、施政方針を発表したときも、エネルギー政策に関しては、「我々は意見の一致を見ていないということを確認した」と発表したにすぎない。かといって、脱原発という既存の方針に大きな変化が起こることも、もちろんなかった。

2010年には保守政権により原発回帰へ

変化が起こったのは、その後だ。09年、SPDが政権から退き、CDU／CSUがFDP（自民党）と連立し、中道保守政権が確立した途端、エネルギー政策はにわかに動き出した。

翌10年12月、その動きがどちらへ向かっていたかは明らかになった。「脱原発合意」が見直され、あっという間に、原発の稼働年数を平均12年延長する法案が可決されたからである。

実は、2009年の初頭、私はある日本のテレビチームと共に、ドイツの経済技術省（現経済エネルギー省）に取材にいったことがある。エネルギー政策を担当している省だ。

そこの担当者は、テレビチームのインタビューに答えていった。次の総選挙でSPDは野に下り、エネルギー政策は今までの膠着状態を抜け出すだろうと。つまり、原発の稼働年数の延長は、当時、すでに経済技術省のシナリオにあったのだ。そして、同年の秋の総選挙で、本当にSPDが政権から離れると、その1年後には、予言通り、原発の稼働年数の延長が決められたのだった。

ところが、これに対して国民は怒った。自分たちの「合意」がひっくり返されたSPDや緑の党も怒ったが、それよりも国民の反発が激しかった。あちこちで、大々的な抗議行動が巻き起こった。その激しさはおそらく与党の想像をはるかに超えていたと思われる。

これによって、与党は遅ればせながら、反原発は、特定の活動家や一部の国民の目標ではなく、多くの国民の意思であることに気づいたのである。メルケル首相は、これはまずいと戦慄した。そして、このまずい状態をどう収拾すべきかと考えあぐねていたとき、偶然にも日本で福島第一の事故が起こったのだった。

CDUの転向を決定的にした福島原発事故

このあとの動きは、めまぐるしかった。福島原発の事故が明らかになった3月12日のたった2日後の14日にモラトリアムが発動され、全国17基の原発のうち、旧式の7基が安全点検のために3カ月の間停止されることになった（すでに点検のために止まっていた原発が1基あったので、計8基が停止）。

それと同時に、倫理委員会が結成された。正式名は「安全なエネルギー供給に関する倫理委員会」。政府が難解な問題にぶつかったとき、多様なジャンルの賢人が招集され、審議し、最終的な意見を政府に具申するのが倫理委員会だ。元来の役目は、「科学と倫理のバランス」のチェック。その倫理委員会が脱原発の是非を諮るために招集されたというのもおかしな話だが、その人選がさらに驚くべきものだった。計17名のメンバーとして哲学者、社会学者、政治学者、経済学者などが名を連ね、中でも一番多かったのが聖職者。原子力の専門家も、電力会社の代表も招喚されていなかった。つまり、ドイツの脱原発の決定の過程において、科学的な視点は最初から無視されていたといえる。

その間、3月27日には、私の住むバーデン・ヴュルテンベルク州で州議会選挙が行われた。バーデン・ヴュルテンベルク州は、バイエルン州と並んで、産業が盛んで、景気が良く、秩序は整い、学力も高いという模範的な州だ。そして、戦後一貫してCDUが政権を握っていた。

ところが、このとき、緑の党が第2党に躍り出し、第3党のSPD（社民党）との連立政権が成立した。CDUが政権を失ったのである。その余震は、ベルリンを大きく揺さぶった。11年と12年には、まだ大事な州議会選挙が、いくつかあった。さらに13年には、連邦議会の総選挙が控えていた。なのに、CDUは原発に足をすくわれる可能性が高まってきた。メルケル首相は窮地に陥った。

さて、それから2カ月経ち、前述の倫理委員会が結論を出す3日前の5月27日に、連邦系統規制庁が独自の調査結果を発表した。原発を停止したときに何が起こるかの予測調査だ。17基を全部止めたときの話ではなく、現在、点検で止まっている8基がこのまま停止になったときの電力供給の予測だった。

それによると、まず南ドイツ、それも私の住むシュトゥットガルト界隈で、冬場、断続的な電力不足が起こるだろうということだった。ドイツの冬は太陽が照らないから、太陽光発電は役に立たない。しかも、南ドイツは風も弱く、冬は特に凪《な》ぐ。

そういえば、09年のお正月、ロシアとウクライナがガス価格で争い、ロシアがウクライナへのガスの供給を止めたあおりを受けて、西ヨーロッパ諸国にもガスが来なくなったことがあった。ドイツはそのとき電力不足を風力発電で補おうとしたが、あにはからんや、数日間まったく風が吹かなったのである。

南ドイツには、重要な産業が多い。停電は深刻な事態を誘発する。もう一つ危ない都市は、金融の町フランクフルトらしい。EUの中央銀行もドイツの連邦銀行も株式市場も大手銀行の本店も、皆、ここにある。

すでに3月14日以来、フランクフルトやシュトゥットガルトは、ケルンの火力発電所から電力を回してもらっていた。もしも、何らかの障害が生じれば、大変なことになる。もっとも、これまで電気会社がそう警告しても、国民はただの脅しだと思い、本気にはしなかった。しかし、それと同じことを、このとき連邦系統規制庁までが言いだしたのであった。

2011年、保守政権下で脱原発が決定した瞬間の雰囲気

5月30日、前述の倫理委員会が結論を出した。22年までに脱原発ができるだろうというものだ。ただ、原発をやめるのはいいが、代替エネルギーにスムーズに移行できなくては、脱原発は失敗する。「今、議論すべきことは、脱原発の時期や数ではなく、脱原発後に果たしてどうやって電力を供給するかである」というのが彼らの意見だった。当たり前のことだ。それは、連邦系統規制庁もいっていた。しかし、その当たり前のことを、政府は具体的につっこまなかった。国民の期待に水を差せなかったのか、メルケル首相は敢然と脱原発に向かって舵を切り替えた。ドイツの脱原発は、完全に政治的な視点から決められたと言える。

こうしてCDUは、緑の党よりもエコになった。その切り替えの速さは、単なる方向転換というより、三回転捻りの超絶技巧に近かった。そして6月30日、新しい脱原発法が連邦議会で可決された。議決の前に行われた各党代表の演説はそれぞれに象徴的で、感動的だった。ドイツ人のロマンチシズムと高揚感が、外国人である私の胸にまでひしひしと伝わってきた。一瞬、ドイツ人は本当は善良で単純な人々なのかもしれないという考えが、私の脳裏をよぎったほどだ。

開票の結果は、賛成513票対反対79票、棄権が8票。40年にわたる反原発運動は、こうして、あっという間に収束を見た。2022年までにすべての原発を停止。シュレーダー政権が決めた脱原発のリミットが、さらに10年も縮まったわけである。

環境大臣ロットゲン氏（当時）のスピーチは、自画自賛で満載だった。「本日はドイツ国にとって、まことに佳き日」、「脱原発は革命」であり、「国民全員の共同プロジェクト」、「達成する国があるとしたらそれはドイツだと世界中が注目している」、「経済的にも採算が取れ、環境のためにも大いに貢献でき……」などなど。ハレの日なので多少の勇み足は仕方ないが、去年の秋に、自分たちが原発の稼働年数延長を決定したことなど、すっかり忘れてしまったかのようだった。

そして、これにより、SPDと緑の党は突然、CDUに対する攻撃材料を失い、皆で脱原発を祝っているその真ん中には、メルケル首相が君臨した。7月8日、この法案は連邦参議院を通過する。

そのとき、連邦系統規制庁の長官はいった。「どう決定しようがあなた方の自由だ。ただ、自分たちが何を決定したかを知るべきだ」。しかし、この静かな警告が、はしゃぎすぎた国民と政治家の耳に届くことは決してなかった。

第2章　脱原発を理解するための電力の基礎

今、使う電気は、今、作らなければならない

本書ではこの先、ドイツと日本の電力の状況について説明していくことになるが、その前に、どうしても、電力についての基礎的な知識を整理しておく必要がある。電気というのは、毎日接しているから知っているような気になっているが、案外知らないことが多いものだ。

まず、電気は「作っておいて売る、あまったものは後日売る」という普通の商品とは違って、現在、必要な量を、やはり現在、生産しなければいけない。しかも、なるべく、使われる電力と同じ量の電力を作るようにしなければ、電圧や周波数が変動して、さまざまな不都合が起きる。

需要が増えたら、それに合わせて供給量を増やすが、増やしすぎると電気の流れが

多くなって電圧が上がる。電圧が上がると、機械などの動作が狂う原因となる。それを防ぐため、電圧を調整したり、送電の潤滑油的役割を果たす「無効電力」というのを増減させたりと、四六時中、瞬時に対応しなければいけないことが山ほどある。

以前の私は、電気は発電所でドーンと発電して、それを送電線で運べば良いものだと思っていたが、そんな簡単な話ではないらしい。必要な量をリアルタイムで生産するということは、大変難しいのだ。

多すぎても少なすぎても大停電の危険

電気の消費量は、刻一刻と変化する。特に、大都会では交通機関も密集し、巨大ビルも林立しているから、電力需要は一日のうちの変化が激しい。通勤電車の発着がピークになる7時半ごろよりだんだん増えていく。そして、9時に工場や事務所が活動を始めると需要は急速に伸び、それに合わせて、管轄の各発電所に、分刻みで次々と稼働の指令が出される。平日の昼休み時間には微妙に需要は下がるし、日曜日にワールドカップで日本の試合があったりする場合には、今度は、その時間だけポッコリと瘤のように需要が増える。寒い日もあれば、暑い日もある。しかも、停電したら大変なことになる。

だから電力会社は、お天気や社会現象を見ながら必要な電気の量を刻々と予測して、瞬時にちょうどそれだけの分を生産しなければいけない。少なすぎるのはもちろん、多すぎても場合によっては大規模停電が発生するという。

たとえ先進国であっても、発電する量を多すぎず、少なすぎず、理想的に保つというのは、簡単なことではない。ただ、日本やドイツではどの電力会社も、その作業をきっちりとやっているので、その緻密さが私たちの目に触れることがない。

設備と技術が貧弱なら停電はすぐに起こる

ましてや、質の良い電気の安定供給といわれてもピンと来ない。日本には質の良い電気しかないし、停電もない。そういえば、私の子供のころは、まだときどき停電があり、電圧の低下で灯りがゆらゆらと暗くなったりすることもあった。灯りぐらいなら問題はないが、精密機械なら電圧や周波数の変動は致命的だ。今では、精巧な機械は工場だけでなく、家庭にもあるから、甚大な被害につながる。

最後にシュトゥットガルトで停電を経験したのは、十数年も前の話だ。送電線に何か不都合が起こり、昼間、突然、電気が止まった。工事だったのか、落雷だったのかは、思い出せない。でも、冷凍食品が溶けてしまったというような記憶はないので、ごく短時間だったのだろう。

一方日本で経験した最近の停電は、震災のあとの計画停電だ。当時、日本での私の住居は都心だったので、輪番停電地域には含まれなかった。しかし、震災の5日後、ドイツに戻る予定になっており、そのころはまだ成田空港までの交通事情が不確かだったこともあり、一日前に成田入りしたら、その夜、ホテルで計画停電が実施された。廊下には非常用の灯りがあちこちに灯ったが、部屋は真っ暗だし、余震が頻繁にあったので、1階のレストランにいった。すると、やはり皆、そう思ったらしく、宿泊客がキャンドルライトの下で粛々と食事をとっていた。

そういえば、昔、ブルガリアのホテルでも停電に遭った。もちろん、こちらは計画停電ではない。ブルガリア人の友人が結婚するというので、一家をあげてブルガリア第2の都市プロヴディフへいって式に参列し、そのあと、黒海の畔の観光地ブルガスで数日を過ごしたときのリゾートホテルだった。

夜、部屋にいたら、唐突に電気が消え、世界が真っ暗闇になった。家族5人でバルコニーに出て、外を眺めると、闇の中から人の声だけがザワザワと上ってきた。

目の前の黒海も真っ黒で、そこに浮かぶ船だけが、ポツリポツリと光の点になっていた。そして、頭上には満天の星。忘れられないシーンだ。とはいえ、このままひと晩中停電ならどうしようと思っていたので、しばらくして、パッと明るくなったときは、天照大神が天岩戸から出てきたようにホッとした。

昔、イラン―イラク戦争のころ、イラクで、砂漠の真ん中にあった建設会社のキャンプに住んでいたことがある。そこでは、電気は自家発電で、水は大きなタンクローリーで運んできて、もう一度塩素を加えて消毒し、普通の水道水のように使っていた。砂漠の中では、水も電気も、どちらも命にかかわる重大事だったが、私たちは、建設現場の粗末なコンテナに暮らしてはいたものの、停電も断水も経験することはなかった。

ところが、バグダッドに住んでいた多くの日本人は公共の電気に依存しており、よく停電に悩まされていた。遊びにいった家で、停電することもままあった。夏の停電は、地獄のように暑い。命綱である冷凍食品が傷むと、被害は甚大だった。

停電は、今では途上国でしか起こらない。そこでは発電施設が不足しており、急に増加した需要に、うまく供給を対応させられないからだ。言い換えれば、今の日本やドイツで停電が起こらず、精密機械が壊れないのは、先進国の証拠なのである。しかし、私たちはそんなことを考える必要さえない。

＊追記　2018年3月、ドイツの大手ニュース週刊誌「シュピーゲル」に、ドイツの電気の品質が下がってきていることを示唆する記事が載った。それによれば、極寒で電力がひっ迫した際、電気のコンセントに接続されている器具に付いている時計が、大幅に遅れるという現象が起こったという。これら、電子レンジやラジオに付いているデジタル時計は、電流の周波数を利用して時を刻んでいる。ところが、2月の極寒期、電力不足で周波数が落ち、ひどい地域では数日の間に時計が6分も遅れてしまったとか。こうなると、精密な電子機器にも影響が出る可能性が高い。

再エネへのシフトと電力の算数

電気はインフラが整わなければ、実は非常に不安定なものになってしまう。その電気の供給源たる発電のやり方を、私たちは次第に、原発から自然エネルギーにシフトしようとしている。脱原発について考えるには、それぞれの発電方法の実力や発電の規模について、ちゃんと理解しておく必要がある。

そのためには、まず電気のエネルギーの表し方について、知っておかなければならない。電気エネルギーを表すには、「電力」と「電力量」という2つの言葉が使われる。電力とは1秒間にどれくらいの電気エネルギーを発電するか（あるいは消費するか）を表すもので、単位はワット（W）。電気製品の消費電力の単位としておなじみだ。たとえばドライヤー1台はだいたい1000ワット、つまり、1キロワットの電力を消費する。

一方、電力量はワット時（ワットアワー、Whとも表記する）の単位で表され、あるワット数で1時間電力を生み出し続けた（あるいは消費し続けた）結果のエネルギー量を表す。たとえば、消費電力1000ワットのドライヤーを1時間つけっぱなしにしたら、使った電気エネルギーは1000ワット時（1キロワット時）ということになる。

キロワット時は「kWh」という表記で1カ月の電気使用量として電気料金の請書にも出てくる単位だ。日本の一般家庭の電気料金は1キロワット時あたり20～30円程度である（月ごとの使用量が増えるにつれて段階的に単価が上がる）。大企業の工場など、大口の電気消費者には割引されており、料金プランによるが1キロワット時あたり15円程度（夜間電力は12円程度）で売られることもある。

では、原子力発電の発電能力はどのくらいのものなのだろうか。標準的な原発は1

基あたり120万キロワットの電力を作ることができる。しかし、原子力発電所もこの電力をずっと生み出し続けることはできない。メンテナンスなどのために運転を停止することがあり、平均すると年間70％の設備利用率になるという。このため、年間に生み出される電力量を計算すると、約74億キロワット時となる（120万×365×24×0・7）。といってもピンと来ないかもしれない。日本の一般家庭が1年間に消費する電力量は4700キロワット時といわれているので、だいたい150万世帯分の電力量に相当する。

一方、風力発電の場合はどうだろうか。標準的なウィンドパークは、2000キロワット級の風力発電機を10基設置して2万キロワットの出力規模になると考えられる。しかし、風は吹いたり吹かなかったりするので、年間の設備利用率は平均で20％ほどだ。ということは、計算してみると、風車10本を持つウィンドパークが1年間で生み出す電力量は3500万キロワット時で、一般家庭7500世帯分ほどになることがわかる。原発1基と同じだけの発電量を生み出すには、200以上のウィンドパーク、つまり、2000本以上の風車が必要という計算になる。

太陽光発電の場合はさらに分が悪い。いわゆるメガソーラーといわれる大規模太陽光発電施設では、数メガワット＝数千キロワットの発電ができる。しかし、太陽光発電では、夜はもちろん、曇りや雨の日も発電ができないか発電量が減るので、設備利用率は平均で12％だ。仮に5000キロワットの発電施設の場合、年間に生み出される電力量は530万キロワット時にしかならず、一般家庭1100世帯分の電力しか賄えない。

ちなみに、5000キロワットのメガソーラーで原発1基分の電力量を発電しようとすると、1400の施設が必要で、山手線内側とほぼ同じ（約58平方キロメートル）面積が要る。風力の場合は風車を密に並べることができないので、さらに広大な面積が必要で、その3・4倍（約214平方キロメートル）だ。

発電にかかるコストも比較してみよう。日本の原発の発電にかかるコストは、福島原発事故前は、1キロワット時あたり5〜6円程度といわれていた。しかし、その値段には原発事故が起こった場合の補償を行うための積立金や、廃炉の費用が含まれていないとして、批判を受けることになった。そこで2011年、民主党政権下の「国家戦略室・コスト等検証委員会」でそれらの費用を含めたコストが計算し直された。その報告書で算出された原発の発電コストは1キロワット時あたり8・9円である（下限値。想定する事故の規模が大きくなれば、これより高くなるとされる）。

一方、風力発電のコストは1キロワット時あたり9・9円と試算された（下限値。

同報告書)。今後、技術の進展などによりコストの値下がりが期待されるとはいうが、風力発電所のある遠隔地に電線を引かなければならないことや、適した立地に限りがあることは、コストを押し上げる要因になるかもしれない。

太陽光発電に関しては、1キロワット時あたり30・1円(下限値。同報告書)で、現在の家庭での販売価格を上回っているし、企業など大口への販売価格の2倍にもなる。これは2011年における試算なので、現在はもっと値下がりしていると考えられるが、1つの施設あたりの発電量が少なく、各地に分散して設置されるので、風力以上に、送電の問題や、土地利用の問題が大きくのしかかる。

再エネ発電は電力供給を著しく乱す

それだけではない。日本でもドイツにならって再生可能エネルギーの固定価格買取り制度が始まっているので、実際には、事業者が発電した電気は、市場の値段よりも高い価格で、送電会社が買い取らなければならない(後述)。認定年度などによって変わるが風力発電の場合1キロワット時あたり20~22円、太陽光発電の場合は1キロワット時あたり18~40円(10キロワット以上の出力の場合)で買い取られる。つまり、

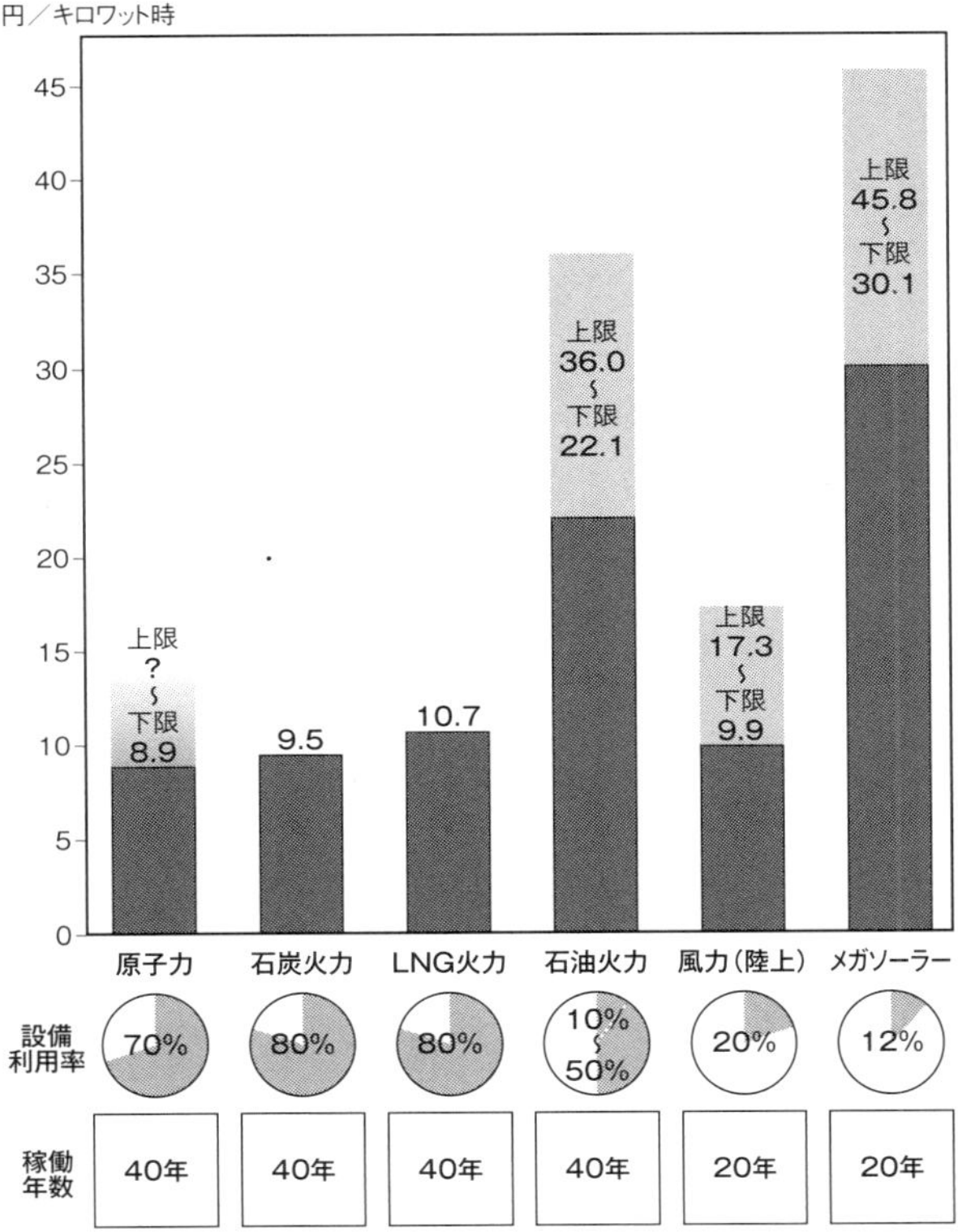

図表２－１　さまざまな発電方式とそのコスト、設備利用率、耐用年数。コストは上限と下限が示されている。（出典：国家戦略室・コスト等検証委員会報告書）

送電会社は、高く買って安く売る。そして、その差額分は一般家庭の電気料金に「再生エネルギー賦課金」として上乗せされている。2015年度の賦課金は、使った電力量1キロワット時あたり1・58円で、それが2017年には2・64円と膨らんでいる。

＊追記 ドイツの2017年の賦課金は6・8セント（9円）だった。

また、風力や太陽光は、お天気任せ・風任せなので、必要なときに発電を行うことができない。それどころか、必要のないときにも発電される。あとで詳しくこの問題を検討するが、再エネ電力の比率が増えてきてその発電量が過剰になったときには、制御や電力消費とのバランスを取るための調整の費用もかかるようになる。

先ほど、5000キロワットの出力を持つメガソーラーで、原発1基分と同じ「電力量」を賄おうとすると、1400の施設が必要になると書いた。しかし、もし本当に1400の施設があり、その施設のすべての場所が快晴でフル稼働したとしたら、いったいそのときにはどれほどの「電力」が生み出されるのか、考えてみてほしい。

答えは、5000×1400なので、700万キロワットである。再エネ電力をすべて受け入れなければならないとすれば、その快晴のときだけ、原発のおよそ6基分もの電力が電力系統に流れ込むことになるのだ。そして、その数時間後には夜が来て、

７００万キロワットの電力はなくなってしまい、代わりに火力や水力で穴埋めすることになる。この電力の乱高下の調整は、すでにドイツの火力発電所が大きな犠牲を払いながらやっていることだ。

電気の品質はどうやって保たれているか？

14年10月、中国電力で、中央給電指令所を見学させてもらった。電気の品質を保つということは、一にも二にも、需要に供給を合わせるということに尽きる。そのためには、それぞれの発電所や変電所を俯瞰し、発電量はもとより、電気の流れをコントロールしなくてはならない。そのためどこの電力会社にも、中央給電指令所がある。各電力会社のいわば頭脳である。

指令所は大きな部屋で、広い壁一面が電光パネルになっていて、どこの発電所で、どれくらいの電気が発電されているか、どれくらいの余力があるか、各地の気象状況、あるいは、電流がどういうふうに流れているかなどということが、それを見ればすべてわかる。また、中国電力管内での需要と供給のバランス度もわかるし、他の電力会社との電力の融通量、周波数などの現在値もわかる。

中央給電指令所の役目は、大きくいって二つある。一つは、電気の使用量を見極めて、発電量を決める役割。つまり、社会の動き、気象状況などをもとに、月間、週間、翌日の需要を予測し、発電計画を作成する。そして当日分は、実際の天候や需要の変動を見ながら、ちょうど良い量の発電がなされるよう発電量を調整する。

二つ目は、電気の流れを調整すること。発電所、変電所、送電線を監視しながら、それらの設備を流れる電気が運用容量を超えないよう、また、送電の際の損失が多くなりすぎないよう、発電機の出力調整や系統電気の通り道の切り替えを行う。中国電力では、ここから、原子力発電所（1カ所）、火力発電所（9カ所）、揚水式発電所（3カ所）、主要な調整池式水力発電所（6カ所）、そして50万ボルト変電所（10カ所）に運転の指令が発せられる。

これほど重要な使命を持っている中央給電指令所だが、実は、多くの作業は自動制御となっている。電力需要の変化、周波数の変動などに合わせて、発電の出力は、自動的に調節されるのだ。だから、ここには昼夜3交替で人が詰めているものの、その数は4人と少ない。コンピュータが、その複雑な電力システムを、合理的、かつ経済的に運用していく。

人間は、たいていそれを監視しているだけだが、ときには的確な判断を下さなければ

写真２－１　中国電力・中央給電司令所の電光パネル。総需要や各発電施設の出力などの情報が一目でわかるよう表示されている。

ばならないときもある。落雷などの気象情報をつかむのはコンピュータでも、不測の事態や、万が一の故障に備えるのは人間の役目だ。

安定した電気を供給するために、その裏でどれだけ複雑な制御が行われているかということは、話を聞かされて初めてわかる。少しでも不都合が起これば、何千もの企業、何万もの家庭で、停電が起こる可能性がある。だからこそ、何があってもそれが崩れないよう、何重にもガードを固め、大きな電光パネルの前で、緊張した人たちが、いくつものコンピュータのモニターを覗きこんでいた。

再エネを「使えるもの」にするには蓄電技術が必須

夜に電気を使わなくて良いのなら、太陽の良く照る国では、再エネ電気は非常に役に立つ。しかし、安定した電気を、四六時中、確保しなくてはいけない場所で再エネ電気を伸ばしていくためには、蓄電技術が絶対に欠かせない。言うまでもないが、今後、増えていくはずの再エネの電気を一番有効に活用するには、電気が出来次第、無制限に送電線に入れるのではなく、発電時に相当量を貯めておき、一定時間ごとに系統に送り込めれば一番良い。そうすれば、系統の制御もやりやすくなるし、他の電源

蓄電技術	充放電コスト（1キロワット時1回当たり）	導入コスト
リチウムイオン電池	約60円/回	約20万円/キロワット時
NAS電池	約9円/回	約4万円/キロワット時
揚水発電	――――	約2.3万円/キロワット時

図表２－２　蓄電技術とそのコスト。充放電コストの計算方法は、「充放電コスト＝導入コスト÷充放電可能回数」で、ここには発電にかかるコストは含まれていない。リチウムイオン電池は導入コスト約20万円／キロワット時で充放電可能回数は、約3300回。ＮＡＳ電池は、同約４万円／キロワット時で約4500回。（出典：経産省　蓄電池戦略プロジェクトチーム「蓄電池戦略」）

に余計な負担をかけないで済む。予備の発電所も減らせる。そのための、安価で大容量の蓄電技術が必要なのである。それさえあれば、日が翳ろうが、夜になろうが、なんてことはない。また、風力電力の多いところで凪ぎが続こうが、これも気にする必要がなくなる。

しかし、それがない限り、再エネの柱である太陽光と風が、全面的にお天気に左右されるという事実は変えられない。広い地域、たとえば、ヨーロッパ全土で電気を融通し合えば大丈夫といっても、経度がほぼ同じヨーロッパでは、ドイツもスペインも、同じ時間に夜になる。蓄電ができない限り、夜間の電力を風と水力とバイオマスだけで賄うことは無理だろう。

では、蓄電技術というのは、今、どこまで進んでいるのか?

電力会社は、すでに、周波数変動の調整や余剰電力の対策として、蓄電池（リチウムイオン電池・NAS電池等）を用いて実証試験を進めているという。しかし、いまだ実証試験の段階であり、コスト面やコンパクト化、エネルギー効率向上等の課題があって、実用化には程遠い。

たとえば、電気自動車のリチウムイオン電池は1回の充放電にかかるコストは約60円／キロワット時、最も安価なNAS電池でも約9円／キロワット時だ。再エネ発電なら、それに周波数調整等の系統安定化費用が加算されるので、発電コストはさらに上がってしまう。

＊追記　アメリカの電気自動車メーカーのテスラが、2017年12月、オーストラリアに世界最大のリチウムイオン蓄電施設を建設した。5000万豪ドル（約43億円）で作られたサウスオーストラリア州ジェームズタウンの蓄電施設で、再エネ電気の安定性を高めると言われているが、蓄電容量は、3万戸分の電気を1時間供給できるに過ぎない。産業地域の電力供給を保証することは、当分無理だろう。

日本の揚水発電による蓄電は大赤字で運用されている

現在、使われている採算の取れる蓄電が一つだけある。揚水発電所だ。原則として、今、必要な電気は、今、作るしかない。が、水力電気だけは例外で、揚水という方法を使って、貯めておくことができる。つまり蓄水。他の電源の電気があまっているときに、その電力で下のダムの水を上のダムに汲み上げておいて、いざ電力が必要というときにそれを流してドッと発電する。

14年10月、山梨県の葛野川《かずのがわ》発電所を見学した。東京電力の発電所だ。

葛野川発電所の下のダムと上のダムをつなぐ水路は、8キロもの長いトンネルとなっており、発電所はそのちょうど真ん中あたりの地中500メートルのところ。水路と並行して、人間や車両の通るトンネル、そして、ケーブル類の敷設されたトンネルがある。

発電所に向かうトンネルの入り口は厳重な警戒だ。するすると鉄格子のような柵が開くと、前方の闇に向かって巨大な薄暗い坑道が延々と延びている。秘密基地に入っていくようでスリル満点だ。

ところどころに灯りのついたトンネルを3キロあまり走ると、地下要塞さながらの巨大な空洞、つまり、発電所に到着する。ここでは3基の発電機が動いていて、そのうちの1基は、14年の6月に運転を開始した最新鋭だ。3基合わせて、最大120万キロワットの発電ができる大型発電所で、将来は4基で160万キロワットになる予定。

水力発電の強みは、稼働の立ち上げの早さだ。新鋭機は、10万キロワットあまりで待機させてあれば、数秒でワーッと全開になる。酷暑の首都圏で刻々と変化する電力供給には、力強い存在であったろう。同年の夏も、給電指令所からコンピュータシステムを使って、しょっちゅう指令が入ったという。それにより、発電機は瞬時に立ち

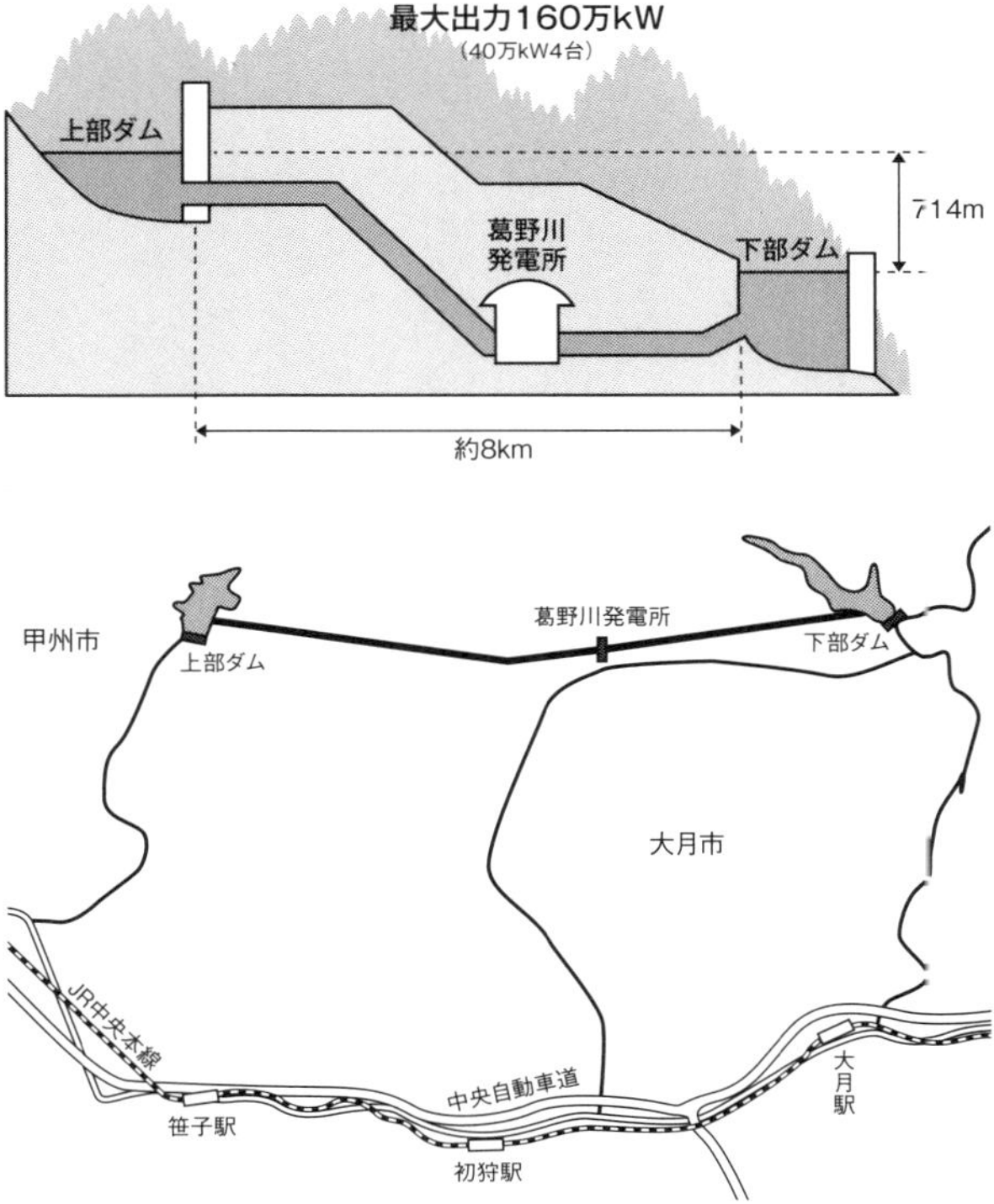

図表２−３　揚水発電を行っている東京電力・葛野川発電所の模式図。山梨県の大月市と甲州市にまたがる。

上がる。

地下の大ホールに設置されている真っ赤なハイテク発電機は、しかし、そんな大役を果たしているようには見えない。スマートで、精巧なオーラを放ちながら、地下500メートルのひんやりとした空気の中にさりげなく立っている。

この発電機はどういう機能になっているかというと、水路の水が上から下へ流れるときはその水力で発電し、スイッチを切り替えると、今まで発電していた水車が逆回転し、ポンプとなって下から上に水を汲み上げる。

水車がポンプ機能を果たしている間は、発電はできない。それどころか、電気が必要なのだそうだ。一瞬、「えっ?」と思ったが、良く考えてみれば、動力なしで働く高性能ポンプなどあるわけがない。しかも、1キロワット時分の電気を作れる水を上に運ぶためには、1・4キロワット時の電気が必要だという。

この採算を合わせようと思うなら、水を上に運ぶためには安い電源を使い、発電した電気は、それよりも高い金額で売らなければならない。それが不可能なら、普通の商売なら店を畳む。仕入値段の方が売値よりも高ければ、赤字だ。何もしないで、家で寝ていた方が良い。

しかし、もっと驚いたのは、「現在、揚水には火力を使っています」という説明だった。正確にいえば、原発が止まっているおかげで高くなってしまった火力の電気を使って、水を揚げているのだ。採算は取れない。

そもそも、揚水式発電における蓄電のからくりは、電気需要の少ない夜間に、余剰分のできるだけ安い電気を使って水を揚げておいて、その水を昼間の発電に使うということだ。それなら採算も合う。

では、安い電気とは何か？　どんな発電と組み合わせれば、揚水式発電が一番合理的に動くか？　一番良いのは原発だ。原子力の場合には、燃料コストが全体に占める割合は1割以下で、文句なく安い。そのうえ、停止や再起動には手間暇がかかるので、できれば、一定出力で年中運転した方が効率が良い。だから、夜間の余剰電気を揚水に利用すれば、まことに合理的なのだ。

それに比べて、火力の場合は、燃料コストが5割から7割になるので、あまり向かない。そのうえ火力は、つけたり、止めたり、強めたり、絞ったりの能力が高いので、本来なら要らないときは止めておいた方が経済的だ。

つまり、揚水式と一番相性の良いのは原発だが、それが使えない現在、葛野川では高い火力電力だけで揚水をしている。この状況は、電力会社が自分の身を削っている　だけでなく、化石燃料の輸入に年間4兆円近くの超過出費を強いられている現在、結局は、日本国が身を削っていることになる。

なのに、世の中には、電力会社が苦境に陥っていることを喝采しようという人たちがいる。それは日本が苦境に陥ることを称賛しているに等しいということがわかっているのだろうか。

＊追記　2017年の夏、九州電力では管内の太陽光発電が増え過ぎ、系統をパンクさせないため、昼間の高い電気で揚水して、急場をしのいでいた。しかも、次の日、また電気が余れば、ダムが満杯では困るため、仕方なく夜中の安い電力料金の時に、水を落として発電に使った。大赤字である。こんなことを続けていては、電力会社は倒産する。倒産させないためには、電気料金を大幅に値上げしなければならない。

第3章　ドイツの夢見た再エネが直面した現実

ドイツの再エネ法により導入された買取り制度とは？

ドイツで再エネ法が制定されたのは前述の通り2000年。脱原発を推し進めていたSPDと緑の党の政権下である。以後、これが環境大国を自認するドイツの誇ってやまない法律となる。

この再エネ法の一番の要は、再エネ電気の買取り制度だ。再エネ電気は全量が20年間にわたって、固定価格で買い取られると決められた。しかも、その電気は、優先的に卸電力市場に売却されなければならない。また、電気があまったときは、再エネ以外の電源から止めていくということも決められた。

そして送電会社は再エネ電気を受け入れるための十分な送電系統を整備することが義務づけられた。早い話、これにより、再エネ電気だけが、需要と供給の市場原則から切り離され、特別待遇を受けることになった。

この再エネ電気の〝固定価格20年間全量買取り〟をFITという。FITの目標はただ一つ、再エネへの投資を促し、再エネの発電量を増やすことだった。2004年には1回目の改訂が行われ、FITの条件がさらに売り手に有利になるよう改善され、買取り値段が上がった。すると、再エネの発電施設はうなぎ上りに増えた。こうしてドイツの再エネ電気の発電量は、2000年以来現在までの14年間で26倍に伸びたのである。

しかし、再エネの発電量ではなく、発電設備の増え方は、それとは比べ物にならないほど多かった。どれだけ増えたかというと、同じ14年間で90メガワットから3万6008メガワットと400倍に膨れ上がったのだ（1メガワットは1000キロワット）。特に風力と太陽光が急増し、設備の容量だけでいうなら、すでにピークの電力需要を上回る巨大施設だ。純粋に設備を増やすという意味合いから見れば、再エネ法、そして、FITは偉大な功績を果たしたのであった。

FITは貧乏人に不利な制度

「ドイツでは、電気はあまっているのですよ」という言葉を、しばしば聞く。電気のことをまだ何も知らなかったころ、それを聞いた私は、「なあんだ、あまっているのなら、大丈夫」と思った。特に、再エネがあまっているという。だったら、原発なんて止めてしまえばいい！

再エネならば、空気は汚れないし、自然と共生できる。おまけにタダだ。そういえば以前、緑の党も、「脱原発は、ドイツ国民にとって月々アイスクリーム1個分ぐらいの負担にしかなりません」といっていた。

外に出れば、太陽は輝き、風は吹いている。太陽も風も、ドイツ人がこよなく愛するものだ。それで発電ができるなんて、これほど喜ばしい話はない。なぜ、それに早く気が付かなかったんだろうと、皆が思っても無理はない。再エネの話は夢があって、語る方も聞く方も楽しい。皆が夢中になったのは、それはそれでわかる。

実は、ドイツが再エネの買取りを始めたのは、1991年のことだ。この年に、再生可能エネルギー法の前身である再生エネルギー買取り法ができた。

それ以来、再エネへの投資は、徐々に進んだ。最初はコストが高かったのでゆっくりと、しかし、そのうち、買取り値段が引き上げられたことと、太陽光パネルの数が大量生産や安い輸入品のおかげで急速に伸びたことが影響して、発電施設が雪だるま式に増え出した。

今では、再エネ関連は、すでに一大産業に発展している。11年の再エネ関連の売上高は370億ユーロで、雇用が38万人。風力は43億ユーロで10万人、太陽光が160億で11万人といわれている。

そもそも、投資家にとってはこれほど確実な投資先はない。初期投資をして、広大なメガソーラーを造れば、あとは、日が照ればお金が入る。ウィンドパークもしかり。できた電気は、20年間、優先的に、固定価格で、全量を買い取ってもらえるし、その買い取りの費用は、電気代に乗せられて、国民全員が負担してくれるから、取りはぐれもない。あとは雨乞いならず、お日様乞いと、風乞いをすれば良い。

しかし、再エネで儲かる人がいる一方、投資するお金のない貧乏人にとっては、再エネはタダどころか、電気代の値上がりをもたらす元凶だ。貧乏人が、投資するお金のある人たちの儲けを負担しているというシステム自体がおかしいといえばおかしいが、それでも善良なドイツ人は、今は過渡期だから、電気代の値上げという事態が起こっているが、そのうちすべては解決し、タダの再エネで需要が賄えるようになるはずだと思っている。何しろ、再エネはあまっているのである。

しかし、私が、電気はあまっていても何の役にも立たないと知ったとき、それは、エネルギー問題を勉強するための大きなモチベーションとなった。今では、電気があまると役に立たないどころか、思わぬ不都合がたくさん起こるということも学んだ。なのに、反原発を主張している人たちは、それを絶対にいわない。だから誤解を招くのだ。そして、エネルギー問題ほど、誤解や思い違いがまかり通っている分野はない。いまだに多くのドイツ人は、電力会社は、エネルギーがあまっているのに、原子力や火力に拘って、再エネへの移行を妨害しようと目論んでいると思っている。再エネは、絶対的な善、原子力は絶対的な悪なのである。

金持ちが再エネ発電の「エネルギー協同組合」に出資する形式

ドイツの再エネの発電事業には、州をはじめとする大小多くの自治体も、あの手この手で参入している。

少し詳しい話になるが、ドイツの再エネの伸びは、多くの家が屋根の上に太陽光パネルをつけたこと、あるいは資本を持っている人たちがメガソーラーに投資したこともあるが、その他に、地方自治体が個人の投資を募り、エネルギー協同組合のような形で大規模なメガソーラーやウィンドパークを運営しているケースも多い。13年末の統計では、13万6000人が12億ユーロ（1700億円）を投資しているという。少し資料が古いが、12年の統計によれば、太陽光、風力発電設備の所有者別内訳では、半分がこういうエネルギー協同組合となっている。

中でも、その協同組合の数が多いのが、景気の良いバイエルン州とバーデン・ヴュルテンベルク州。治安が良く、教育程度が高く、世界的大企業や、健全な中堅企業が多い州だ。金持ちの割合が多いので、再エネへの投資も進む。出資する方にしても、それが原発を駆逐し、環境を改善するためであると思えば、良心に添う。

特にバイエルン州は、補助金の受取額が支払額を上回る「勝ち組」となっている。この補助金が、電気代から捻出されていることを思えば、バカを見ているのは、何の利益もなしに高い電気代を払わされている貧乏人だ。しかし、再エネはあくまでも善なので、皆が多少の痛みは我慢する気構えだ。

2035年以後、ドイツの電力は壊滅的非効率に陥る

ドイツ政府が2011年に、すべての原発を22年までに止めると決めたことは、すでに何度も触れた。脱原発への準備は、いったいどの程度進んでいるのだろう？

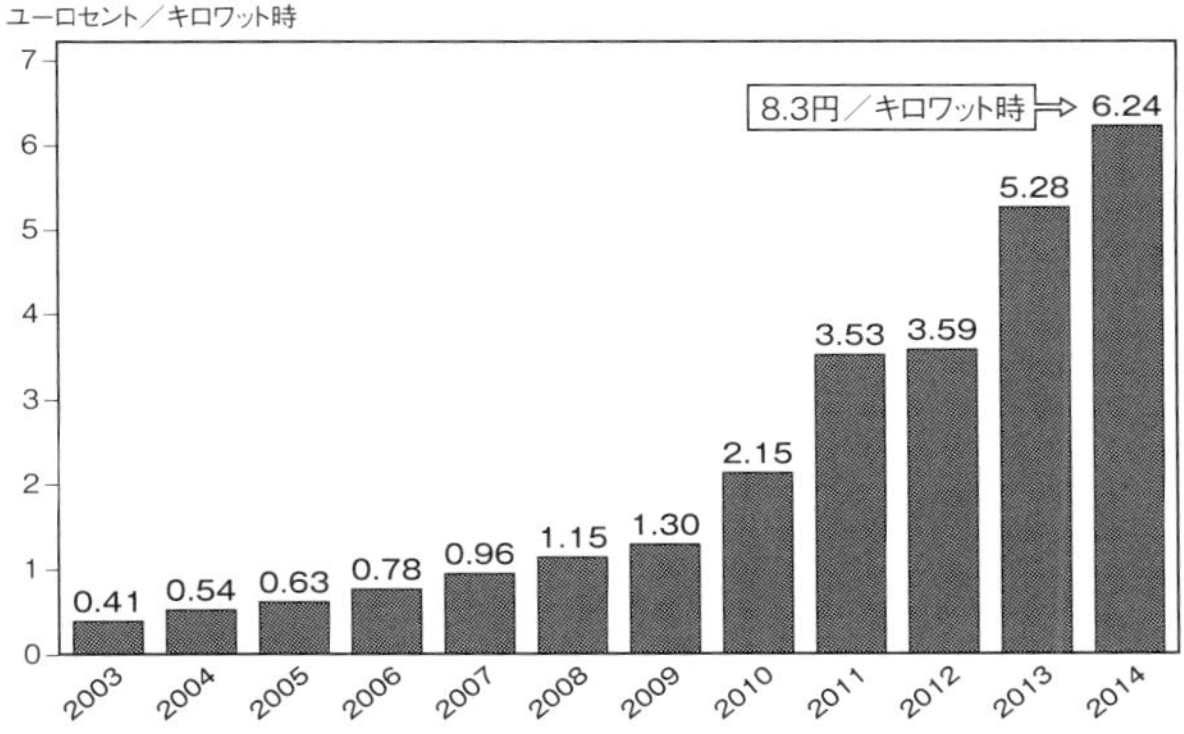

図表3－1　ドイツの一般消費者への賦課金。賦課金は規定の電気料金に上乗せされる。（出典：Bird&Bird 資料）

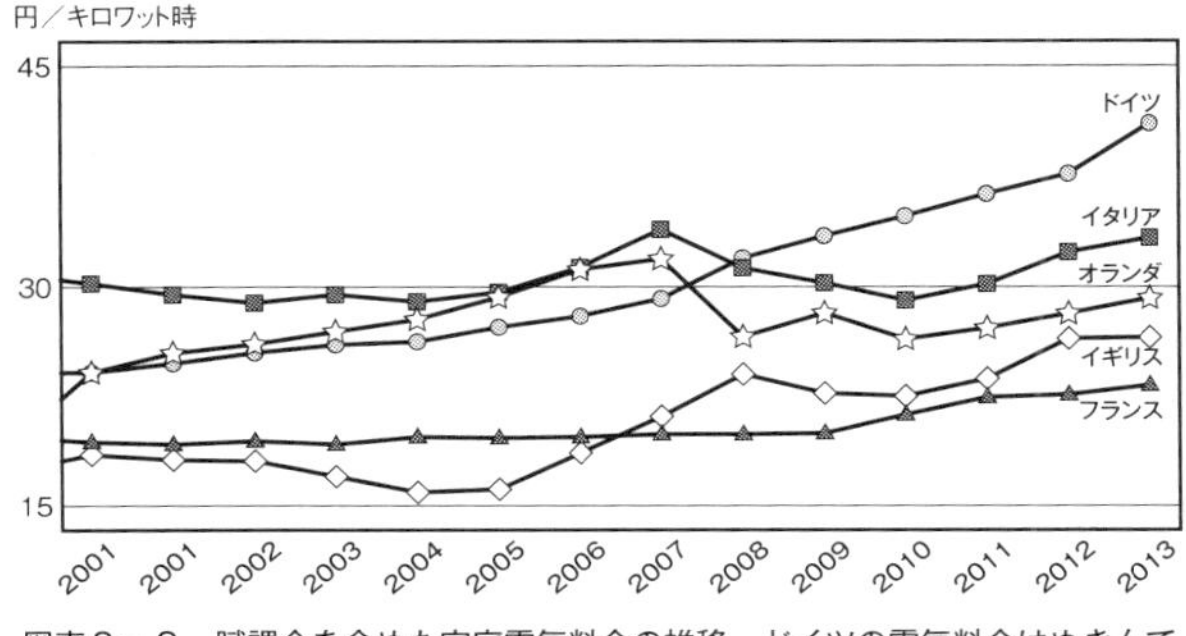

図表3－2　賦課金を含めた家庭電気料金の推移。ドイツの電気料金はぬきんでて上昇している。日本の電気料金は1キロワット時あたり20～30円（使用量が増えると段階的に上昇する）。（出典：ドイツ経済エネルギー省資料）

２０１０年、発電に使われた電源の内訳は、原子力が22％、再エネが17％、石炭が19％、褐炭が24％、天然ガスが14％だった。それが13年には、原子力が22％から15・4％に減り、再エネが17％から約24％に伸びた。そして、石炭と褐炭が計43％から45・6％と若干伸び、天然ガスは14％から10・5％まで下がっている。

石炭と褐炭が伸び、天然ガスが減ったのは、コストの問題だ。褐炭は安く、天然ガスはその4倍の値段だ。脱原発、つまり再エネの増加は、電力会社にとって売り上げの減少を意味するので、発電になるべく安い燃料を選んだ結果、こうなったのである。

ドイツの脱原発の目標は、発電における再エネのパーセンテージを、35年までに、全発電量の55％から60％に、50年には、少なくとも80％に増やすことだ。これによって、現在の原発の発電分を再エネで代替することができる。

35年に再エネの割合が60％まで伸びたときのシナリオは二つある。一つは、その残りの40％の内訳が、石炭と褐炭が33％、天然ガスが6％、石油が1％というもの。もう一つのシナリオでは、石炭と褐炭が28％で、天然ガスが11％。石油の1％は変化なし。もちろん、前者のシナリオの方が天然ガスが少ないだけ、経費は安上がりだ（もっとも、その頃の各エネルギーの値段がどう変化しているかはわからないが）。

では、35年に、本当に再エネの割合が60％まで伸びた状態を、シミュレーションしてみたい。

ドイツでは、すでに再エネの発電設備容量は、ほぼピーク時をカバーできるだけある。将来は、おそらく、ピーク時の需要量よりも、設備容量はずっと多くなっているだろう

＊追記　２０１７年は実際にピーク時の１・４倍となった。

再エネ以外の40％は、主にバックアップで稼働されたものと考えれば良い。バックアップは、二つのケースが考えられる。つまり、再エネの電気は不安定で、絶えず、増えたり減ったりするので、その調整をするためのバックアップ。もう一つは、太陽が出なかったり、風が吹かなかったりで、再エネ電気が必要な電力需要に満たなかったときに、それを補うためのバックアップだ。

再エネの発電は設備利用率が悪い。たとえば、現在でさえ、施設容量はピーク時の需要を賄えるだけあるとはいえ、全体に均してみると、２０１３年では再エネは全体の24％の電気しか賄っていない。太陽光に限っていえば、たったの４・５％だ。

＊追記　２０１７年の太陽光の稼働率は10・６％、陸上風力のそれは19・７％。水力など、すべての再エネを合わせれば、33・１％だ。

ということは、単純に計算すれば、再エネで平均60％もの電気を発電するというこ

とは、発電施設は、ピーク時の需要の3倍近くの容量に達していると思われる。そんなことが現実的であるとは思えない。しかも実際にはどんなに増やしても、お天気が悪いときには足りなくなるだろう。

これを的確に表したドイツの「エネルギー機関」代表の言葉がある。「2000年には50メガワット以上の1000基の発電施設がドイツの発電量の90%を賄っていたが、2020年には300万基の発電施設が発電量の50%を賄うことになる」。要するに、再エネの設備利用率は非現実的だということだ。

再エネの問題点はそれだけではない。再エネは、お天気が悪いと発電量が急速に減るので、発電量60%といっても、他電源が40%分だけでは、いざというとき間に合わない。運が悪ければ、風も吹かず、太陽も照らないという状態が、寒い冬の日の平日の、電力需要がピークのときに重なることもありえる。こうなると、再エネの電気はゼロ近くにまで落ちるため、バックアップの電源は、ピーク時の需要をほぼ100%満たせるだけの容量を確保しておかなければならないということになる。しかも、たとえそういう日が、年に5日しかないとしても、その必要性は変わらない。その結果、100%の発電容量は用意したものの、通算ではその40%しか発電できないわけで、こちらも設備利用率が壊滅的に悪くなる。

これを一言で表すなら、今のドイツは、必要量の何倍もの電気を作れる設備容量を抱えた国になる道を歩んでいるということになる。無駄なようだが、停電になっては困るので、これらの発電施設は維持しなければならない。だからこそ、ＥＵ全体の協力体制が叫ばれているが、ヨーロッパの他の国が挙《こぞ》って再エネにシフトすれば、問題は解決しないどころか、ますますひどくなるはずだ。採算の取れる大量蓄電が可能にならない限り、この状態は今のところ変えようがない。

14年11月、シュトゥットガルト大学の、風力の研究をしている教授に話を聞いた。再エネは、60％までは比較的簡単に増やせるというのが彼の見解だ（再エネには水力、バイオマスなど安定電源も含まれる）。60％までならバックアップは可能だが、それより再エネの率を伸ばすと、大変難しくなる。それを解決するには、政治の介入が必要になるだろうという意見だ。それは、つまり、採算の合わないものを、どのように政治力で補助していくかということになる。水力やバイオマスをフルに投入しても、緑の党などがいうように、電気の１００％を再エネで賄い、しかも、採算を合わせるのは、まだまだ夢のような話なのである。

サハラからヨーロッパに電気を運ぶ遠大な計画

ドイツが脱原発を決めようとしていたころ、太陽電池の研究が専門の物理学者に話を聞いたことがあった。彼が見せてくれたアフリカの地図には、アルジェリアのところに大きさの違う小さな正方形が2つ、そして、そのお隣のリビアに豆粒のように小さな正方形が1つ、書き込んであった。

彼はいった。「この一番大きな正方形の面積のソーラーパークで世界中の電気が賄えます。その次の正方形ならEU全体の電気。そして、一番小さなのがドイツの全電気需要」

一番大きな正方形は一辺が約300キロメートル、豆粒の方は60キロメートルくらいだったが、どれも皆、大きなサハラ砂漠の中ではとても小さく見えた。

ただ、私は違和感を覚えた。その図は、太陽光の有効活用の可能性を示した象徴的なものにすぎないのだろうが、いったい何の意味があるのかと思ったのだ。「太陽光があれば、こんな小さな面積で世界中の電気さえ賄える」と思わせるためのトリックのような気さえした。

あとで調べてみたら、まず、これは小さな面積ではなかった。世界中の電気需要をカバーできる面積である１辺３００キロメートル四方というのは９万平方キロで、およそ四国の５倍。豆粒の方は３６００平方キロだから、埼玉県と同程度。いくらサハラ砂漠が広くても、信じがたい発想だ。

ところが、当時、この計画はすでに進められようとしていたのだ。

デザーテック・ファウンデーションという非営利団体がある。名前が表すように、砂漠（desert）の太陽と風エネルギーの高度な活用を目的としている。

デザーテックの構想というのは、サハラ砂漠に太陽光と風力の巨大な発電施設を造り、そこで発電した電気を、高圧直流ケーブルでヨーロッパとアフリカに送電するというもの。これにより、将来的には、中東、北アフリカの大部分と、ヨーロッパの電力需要の15％を賄うというのが目標だった。発案は２００３年で、以来、多くの科学者、専門家、政治家がこのアイデアに携わった。科学的検証は、主にドイツ航空宇宙センターが３年を費やして行ったという。

この案に賛同した企業が、Ｄｉｉというコンソーシアムを作った。そして２００９年、Ｄｉｉとデザーテック・ファウンデーションが一緒に、この遠大なプロジェクトを立ち上げた。

コンソーシアムの主なメンバーは、ミュンヘン再保険会社、ドイツ銀行、シーメンスといったドイツ企業、その他フランス、スペイン、モロッコ、チュニジア、エジプトなどの企業も参入した。錚々たるメンバーだった。

デザーテック・ファウンデーションによれば、世界中の砂漠に降り注ぐ太陽エネルギー6時間分が、全世界の1年間のエネルギー需要に相当するという。これまたきわめて抽象的！　サハラ砂漠はほぼ無人であり、ヨーロッパに近い。このプロジェクトによって、ヨーロッパはCO_2の排出を抑え、北アフリカとヨーロッパの経済が温室効果ガスの排出規制範囲内で成長できるようになるという主張。壮大かつ、夢のような話だ。

私がこのサハラ電気プロジェクトを知ったのは2011年、ドイツが脱原発を決めようとしていたころだ。ニュースの主旨は、原発がなくても電気は大丈夫という内容だった。しかし、このときも違和感を持った。すべてが、あまりにも現実離れした話に思えた。

それに、いくらサハラ砂漠の太陽が強烈とはいえ、夜は照らない。また、近い将来、大規模な蓄電が可能になるという話もなかった。

しかも、電気をヨーロッパまで運ぶとして、送電のロスは？　そもそも、どうやって送電するつもりなのだろう？　アフリカからヨーロッパは電気を運ぶには遠い。間に海もある。いずれはできるといっても、ドイツはまだ、国内で北から南に電気を運ぶことさえできていないのだ。

それに、ソーラーパネルは化学製品をフルに使った工業製品だ。まず、これを作るために大量の電気が要る。将来、何十年にもわたって、大量のソーラーパネルがどんどん生産されると考えただけで、なんだか空恐ろしくなった。しかも、それは永久に持つとは限らない。故障、あるいは老朽化したパネルは、いずれ大量の産業廃棄物となる。環境へのかなりの負担ではないか。

ところが、２０１４年10月15日、このプロジェクトがつぶれたというニュースが流れた。「一つのユートピアの陳腐な結末」と、ドイツ第一テレビのコメンテーターはいった。

すでに数年前から、参入していた大企業が次々に離脱し始めていたという。デザーテック・ファウンデーションとＤｉｉは、最初から相容れなかった。平たくいうなら、デザーテック・ファウンデーションができると主張していることを、Ｄｉｉの多くの企業はできると思えなかったのだ。

そのうえ、Ｄｉｉの内部でも意見が対立していた。結局、デザーテック・ファウンデーションは、これ以上この混沌の中にいると、自分たちの語ってきた夢のイメージが壊れると懸念したらしい。よって、袂を分かち、これからは別々の道をいくことにしたという。

プロジェクトが進まなかった理由は、技術的な問題ももちろん大きいが、政治的なそれもある。サハラ砂漠は砂しかないところだが、とはいえ、皆のものではない。それはアフリカ大陸の3分の1を占め、そこに領土を持つ国は、エジプト、チュニジア、リビア、アルジェリア、モロッコ、西サハラ、モーリタニア、マリ、ニジェール、チャド、スーダンと多国に及ぶ。しかも、はっきりいって、政治的にまるで安定していない国ばかりだ。

そして、それらの国どれもが、太陽を商品にしようとするだろう。たとえ技術的な問題が解決して、本当に発電が行われ、その電気がヨーロッパに来るにしても、その元栓のところは、これら政治の不安定な国に握られることになる。リスクの大きさは限りない。企業が抜けていったのは当然のことだった。

＊追記　今ではイスラムテロも、当初とは比べものにならないほど過激になっている。

さて、振り出しに戻ったデザーテックのプロジェクトだが、現在は目標を変え、砂漠の電気で近辺のアラブの国の電気を賄い、また、海水を真水に変える工場を動かすという計画に仕切り直しするらしい。淡水工場はたくさん電力を使う。しかし、砂漠から電気を引ければ送電距離は短く、また、夜間の電気がどうしても必要というわけでもないだろうから、実現の可能性はあるのかもしれない。

現実的な再エネ電力の利用の形は「地産地消」だが……

再エネは、砂漠はともかくとしても、実は、こういう地産地消ができるところで、活用の可能性が大きいと思われる。まだ、地球上には、電気のない場所がたくさんある。毎日、桶を担いで水を遠くまで汲みにいき、薪を集めて炊事をしている人たちが、特にアフリカやアジアにはたくさんいる。そういう場所でこそ、太陽光の発電をすれば良い。

運の良いことに、アフリカやアジアの大半の国には、太陽光だけは十分にある。小規模でも太陽光発電が可能になれば、人々の生活は格段と快適になる。農業は機械化できるし、井戸から水を汲み上げられる。単純な工場も動かせる。灌漑も可能になるかもしれない。とにかく、昼間だけでも電気が通じることによって、今、できない多くのことが可能になるだろう。

夜間の電力は将来の課題として、水力なり、風力なり、あるいは原子力なりの導入を目指して、徐々に整備していけば良い。
ただ、こういう太陽光プロジェクトは有意義ではあるが、儲けが出ないから、投資の対象になりにくく、結局、開発援助の一環としてボチボチと進んでいるにすぎない。いずれにしても、水と電気、この二つが揃えば、人間の暮らしは向上する。途上国の太陽光による電化は、先進国が力を入れて応援すべきものの一つだろう。何億もの人々が、薪を燃やさずに調理をすれば、それは、二酸化炭素の排出を抑えることにもつながる。

それと同じく再エネの活用は、産業国でも、農村地帯など小さなサークルで行うならば非常に有益だ。離島もしかり。そういう成功例なら、すでにいくつもある。再エネ電気を遠くまで何百キロも運ぼうとしたり、また、それで工業地区を抱える大都会の需要を賄おうと考えたりするから無理が出る。しかし、地産地消で完結できるなら、これは大いに期待できるプロジェクトとなるだろう。

電気が不足しようが、停電しようが、それに合わせて生活のほうも出力を絞れるならば、恐れるものは何も無い。自然と寄り添って質素に生きるのも、自由な選択の一つである。世の中にはお金よりも大切なものがあると思う人が、その信念に基づいて、清貧に暮らしていくには、しかし、大前提がある。その清く貧しい人を守ってくれるしっかりとした国があるということだ。

国が産業も資本主義も投げ出して、自然の中で清貧にやっていこうとするなら、その国は、あっという間に外国資本に乗っ取られてしまい、志は貫けない。

ドイツも日本も、安い賃金で、安物を大量生産して生きていく国ではない。しっかりした国であろうとするなら、ハイテクで世界の競争に打ち勝っていかなければならない。今ある豊かさを保つためには、産業を疲弊させては大変なことになる。

質素は個人の信条だ。しかし、国家の方針とはなりえない。だからこそ、今、ドイツは、再エネをどのように伸ばしていけばよいのかと、試行錯誤しているのだ。

日本も、再エネは、それが可能なサークル内で進めていけばよい。しかし、日本という産業国が、再エネだけでは生きていけないことは、しかと認識するべきだろう。

第4章　今、ドイツで起こっていること

再エネ電気があまって起こるよくないこと

お天気が後押ししてくれれば、再エネ電気の生産者はどんどん発電する。再生可能エネルギー法のおかげで、それを固定価格で全量買い取ってもらえるからだ。送電会社は、その買取りを義務付けられており、しかも、優先的に系統に入れなければいけないと、これも法律で決まっている。したがって、お天気が良くて風が強いと、往々にして再エネ電気はだぶつく。が、発電にブレーキはかからない。発電を控えなければいけないのは、他の電源と決められている。現在、ドイツの電力会社が、計画的な発電ができないというのは、以上の理由からだ。

そのうえ、再エネ電気の買取り値段は、市場価格よりも高い。そうでなくては、誰もこんな商売には乗り出さない。ドイツでは、電気事業は自由化されていて、発電、

送電、配電、供給（販売）の4部門に分かれており、再エネの買取りは送電事業者の管轄だ。だから、送電会社は決められた高い価格で再エネを買い取り、それを市場価格で卸電力市場に出す。その結果、当然のことながら欠損が生じるが、その差額は補助金で補てんされ、賦課金として国民の電気代に乗せられることになる。

さらに困るのは、増えすぎた再エネ電気が市場での電気の価格を暴落させることだ。電気の供給が過剰になれば、値段は下がり、市場値と買取り値の差がますます広がる。当然、差額を補てんしている補助金の額も増える。2014年、再エネの市場価格の平均は1キロワット時あたり、たったの3・3ユーロセントだった。

＊**追記** 2016年は2・64セント、2017年は3・24セント。再エネはしばしば卸電力市場ではゴミのように扱われているのである。

再エネ比率が上がるほど電力の品質確保は難しくなる

再エネ電気が増えすぎて起こる不都合は、それだけではない。発電量の変動が大きいため、系統の周波数や電圧を不安定にする。

それを防ぐため、発電量、および、それによって引き起こされるさまざまな変化を刻々と見極めながら、絶えず、他の電源の電気を増減させたり、電気の流れをコントロールしたりして、全体の発電量や電気の質を安定させなければならない。そのバックアップ調整の作業を、電力会社では「しわ取り」と呼んでいるのだそうだ。とてもわかりやすい。

しわ取りは、元々どこの電力会社も常にやってきたことだ。社会状況や気候の情報を分析し、需要の増減を予測しながら、翌日の発電量を決める。当日も刻々と状況を見ながら微調整をしていく。それは、ただでさえ複雑な作業である。しかし、そこに多くの再エネが入るようになって以来、その困難度は急激に上がった。再エネの発電量はお天気、つまり、それ、日が出た、雲が出た、風が出たの、止んだのと、絶えず変化する。予測がつかない。

図表4－1は太陽光発電施設と風力発電施設の、ある1日の出力変動を表すグラフである。いずれの発電方法でも発電量が大きく落ち込んでゼロになることがある。とくに風力発電は変動が激しいことがよくわかる。広範囲にわたって発電施設が点在していれば、風が吹くところと凪いでいるところ、曇っているところと晴れているところで出力の凸凹が相殺される可能性もあるが、いつもそうなるとは限らない。逆に変動が増幅される場合もあるだろう。そのような大きな変動を平準化して需要に合うよ

う瞬間、瞬間の調節を迫られるのは、既存の電源で、どう見ても尻拭いだ。

しわ取りの電源は、天然ガスや一般炭火力。褐炭火力や原子力はあまり使わない。これらの電源は出力を大きく変えるのには向かないからだ。いずれにしても、しわ取りを託された火力発電所は、経済的な発電とは縁のない発電を強いられる。それが電力会社にとって大きな負担となり、儲けが出なくなった。

ドイツ政府は、現在、35年までに再エネの割合を全体の発電量の55％から60％に、50年までに少なくとも80％に伸ばすという目標を掲げている。しかし、自然保護団体などにしてみれば、この目標さえも生ぬるい。再エネ電気をどんどん増やし、なるべく早く原発から決別し、できれば空気を汚す火力発電所もなくして、クリーンな国になりましょうというわけだ。

一方、もう一つのグループ、いわゆる再エネ懐疑派は、「再エネが30％も入ると、ドイツは安定した電力供給を保証できなくなり、コストも急増し、産業国として大きなハンディを負う」と主張する。その理由を簡単にいえば、太陽光・風力は、発電施設をいくら増やしても供給率は保障されず、必ずしわ取り、つまり、バックアップの電源が必要であること。また、補助金なしでは、成り立たないことなどだ。

ところが再エネ推進派は、お天気が悪くて発電がゼロになったときの話を絶対にし

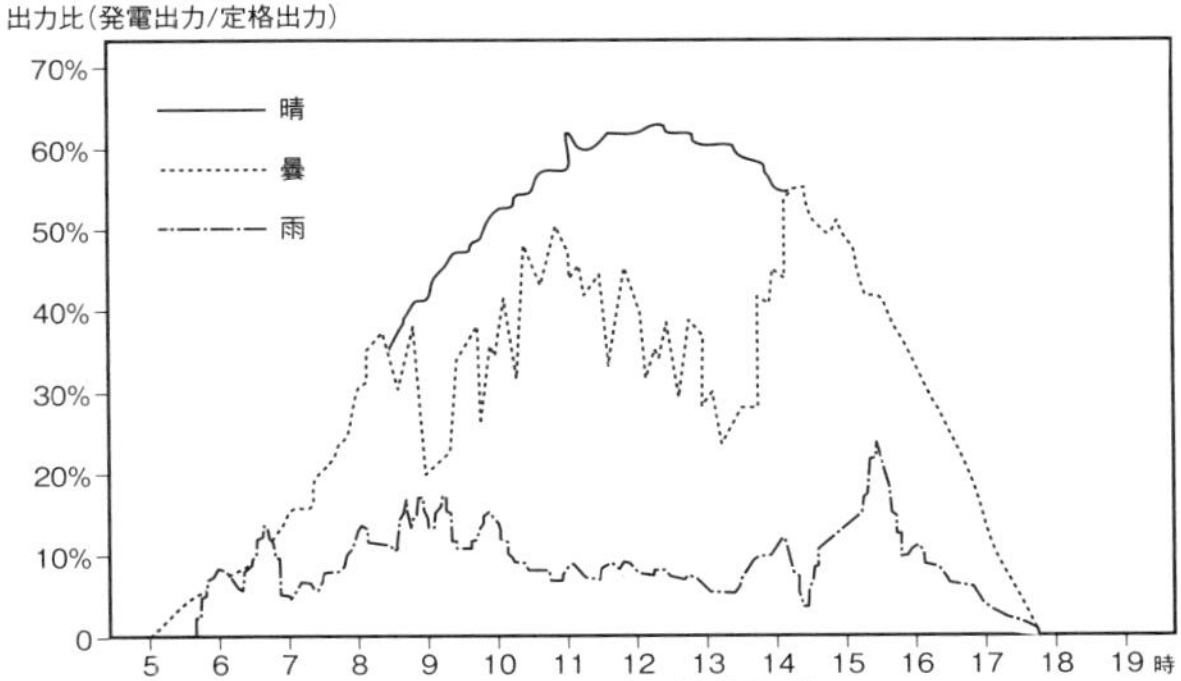

太陽光発電の出力推移例(夏季)

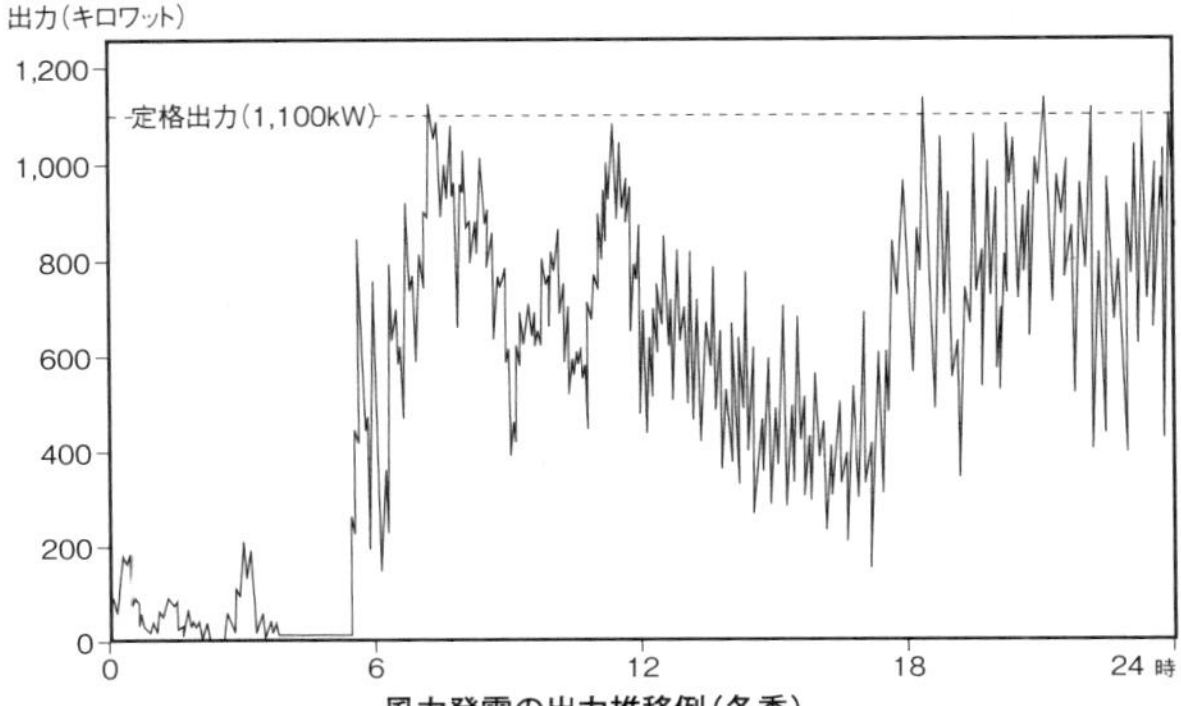

風力発電の出力推移例(冬季)

図表4－1　太陽光発電と風力発電の出力変動の例。変動は大きく、予測困難なかたちで起こっているのがわかる。天気予報による予測も限定的にしか役立たないであろう。

ない。しわ取りの話もしない。だから当然、それに対する解決策も一切出さない。いつも、「電気はあまっている」の一点張りだ。確かに、お天気の良い日は電気はあまっていることが多いので、それは嘘ではない。1年を通しても、やはりあまっている。しかし、再エネ懐疑派は、お天気の悪い日のことを心配しているのだから、はっきりいって、この議論はまったく嚙み合わない。というか、議論にさえならない。

再エネ電力が電力供給のセオリーを崩してしまった

発電設備はその役割によって「ベースロード電源」「ミドル電源」「ピーク電源」の3つに分類される。ベースロード電源というのは、365日、昼夜を問わず安定的に稼働している電源で、産業国の根幹となるものだ。コストが安く、比較的多くの電力をなるべく休むことなく供給することが求められる。当然のことながら、ベースロード電源は不安定な再エネでは用が足りず、選択肢は、原子力か、石炭か、あるいは水力だ。ドイツではオイルショックの教訓として、ベース電源に石油は使わない。しかし、原発はこれから閉鎖していかなければならないし、水力発電は立地条件が厳しくなかなか増設することはできない。だから、石炭と褐炭を減らせず、もちろんCO_2

の排出量も減らない。

ミドル電源は、日中の大きな需要変動に対応する電源である。これは、天然ガスと石炭が担っている。そして、ピーク電源は、1日のうち需要の大きな時間帯だけを受け持つ電源。これは天然ガスや、揚水発電、一般水力発電で賄っている。ミドル電源とピーク電源は、日が翳ったり、風が止んだりということで再エネ電力の供給が減るなどしたときの細かい需要変動に対応する電源でもあり、稼働の速さが求められるため、天然ガス、揚水発電、水力発電が活躍する。

季節間の大きな変動に対してはベースロード電源でもある程度の調整ができるとしても、日中の細かい変動にはピーク電源が欠かせない。これまでも、この3種類の電源をうまく組み合わせて刻々と変化する電気需要に対応してきたのだが、そこにさらに、天候により変動しやすい太陽光と風力の電気が大量に入り込んだがために、需要と供給を合致させることがとても難しくなった。何度も繰り返すようだが、電気は作り置きができない。

ドイツの電力会社が行っている供給の調整は、再エネ電力の変動に対するものがとても大きくなってしまっている。それはすでに、自前の原発や火力発電所で計画的、合理的に発電することができない状態だ。太陽が照り、風が吹けば、再エネ電気は需要の有無など気にせずたくさん作られる。ドイツでは最近それを、プロデュース&フォーゲットと呼んでいる。そして、送電会社がすべてを買って系統に流すので、電力会社はせっせとそのしわ取りをしなければならない。つまり、電力会社がどれだけ発電できるかは太陽と風が決める。信じられない仕組みだ。元来は、補助的立場にあるはずだった再生可能エネルギーが、いつの間にか独裁的立場に納まってしまった。

＊追記 フラウエンホーファー研究所の予測では、2018年の電源ミックスは、石炭が15・0%で、褐炭が24・2%となっている。ちなみに原子力が13・1%、そして再エネがなんと、38・3%にも膨れ上がる予定だ。再エネのうち、不安定電源である太陽光が7・0%、風力が18・8%だ。電力会社はいっそう対応が難しくなってくると思われる。

再エネ電気だけでなく火力発電にも補助金が必要になる

計画的に発電できない電力会社が儲からないのは当然のことで、2013年、ドイツで4社ある大手電力会社のうちのRWEでは、創業以来、初めての赤字となった。しかも、28億ユーロ（約4000億円）という大赤字だ。株価もこの5年で100ユーロから26ユーロに下落。もちろん、他の3社も火の車だ。儲からない仕事に投資する人はいなくなるだろうから、このままいけば、倒産する会社が出ても不思議はない。ただ、電力会社が倒産するとしわ取りもバックアップもできなくなるので、停電の危険が高まる。だから、電力会社を倒産させるわけにはいかない。では、どうするか？火力は維持しなくてはならない。

さらに大きな問題は、2022年の原発の停止だ。今、その原発が担っているベースロード電源を補うため、火力はますます欠かせなくなる。

その他、極寒時や凪のときの電力不足などに備えて、補償をつけて常に待機させておく予備電力の火力発電所もある。

＊追記　補償の金額は、2017年には8500万ユーロ、2018年が1億4900万ユーロになる予定。2018年の始め、必要もないのに大金を払って待機させているとして、この予備火力のことを、多くのメディアが非難がましく書いていた。

つまりドイツが現在すでに、再エネと火力の両方に補助金を注ぎ込んでいる。これらのコストも、国民の電気代に賦課金として乗るから、国民としてはまったく割が合わない。膨大な再エネの余剰施設を抱えたまま、再エネと火力の両方に補助金を支払うような無駄な贅沢は、国民1人あたりのGDPが高い国だからこそ、かろうじて可能になる。他の国では、こんなアイデアは俎上に載ることさえないはずだ（残念ながら、無理矢理載せようとしているのが日本だが）。

ただ、問題は、実は、無駄を生じさせるシステムの方にあるのではないか。発電所は待機させておくだけでも経費がかかる。電力会社も、発電として儲けられるわけでもないのだから、好きでやっているとは思えない。すべては、再エネ発電がお天気まかせであるから起こる無駄である。

新設される火力発電所はハイテクの排気装置を備えており、従来の物と比べると格段にクリーンだ。とはいえ、これが全部稼働すると、やはり、定められているCO_2の排出量を上回ってしまうそうだ。

ドイツは元々、石炭、褐炭の国だ。火力発電は昔から盛んで、ドイツ人は信じたがらないが、今でも電力の40％弱をこのエネルギーに頼っている。石炭は空気を汚し、褐炭は水分を多く含むので燃焼効率が悪く、石炭よりもさらに汚す。しかし、ドイツ東部、および、ベルギー国境に近いルール地方には褐炭が捨てるほどあるため、ドイツの電力会社はこれまで重宝していた。空気をあまり汚さないガス発電所は、石炭、褐炭の電気に比べると、コストがとても高い。

増えるCO₂と現実的な対応策

脱原発の下、安定した電力供給を達成するため、火力がほとんど減らない事情は前述した。といって、ドイツでは別に原発が全部止まっているわけではない。

＊追記　17基のうち、2018年現在7基が稼働している。つまり、10基が止まっているだけで、この状況なのである。

しかし、日本は突然、50基を止めてしまった。以来、日本の火力がどれだけ無理をしているか、そこのところを私たち日本人はよく考える必要がある。

ドイツのような高度な産業国では、国民は、昔の農民のように晴耕雨読で暮らしていくわけにはいかない。電力不足のせいで、工場の操業や交通網に支障が出るようなことになったら、産業国として立ち行かない。企業は悲鳴を上げて、あっという間に国外に生産施設を移してしまうだろう。それを回避するために、お天気まかせの再エネを補っているのが火力発電所なのだ。

だから、今後しばらく、ドイツのCO₂排出は減らないし、増えていくかもしれない。

CO₂の温室効果が地球温暖化の最大の原因と見られていることは、いまや小学生でも知っている。CO₂は、現在の大気中に0・04％の濃度で含まれているが、これが微量だと思ってはいけないらしい。産業革命以前は、0・028%ほどの濃度であったと推定されているのだから、たった200年の間に濃度は40%も増えたのである。原因はもちろん、化石燃料をたくさん燃やしたからだ。

また、空気中のCO_2が増えると、それが海中に溶けて、海水が酸性化し、生態系に悪影響を与えることもあるというから、要するに、CO_2はこれ以上野放しで放出してはいけない。それについては皆の意見がほぼ一致している。

ドイツでは火力発電が増えてしまっているため、今まで散々、温暖化防止を叫んでいた政治家も、最近はあまりそれをいわなくなった。もちろん、環境保護団体ジャーマン・ウォッチなどは、そういったドイツの態度に警鐘を鳴らしている。同団体の最新発表の、各国がどれだけ温暖化防止のために努力をし、効果を上げているかを示すリストでは、今まで指導的役割を果たしていたドイツが、急激に転落してしまっている（58カ国中19位）。ただし、日本はもっと悪い（58カ国中50位）。

ただ、まったく違った視点からCO_2の問題を考えるなら、話はだいぶ違ってくる。現実は、ドイツが火力発電所で褐炭をどんどん燃やそうが、あるいは天然ガスでやろうが、世界のCO_2の排出量の増減には、あまり関係ない。なぜなら、現在でさえアメリカの1・7倍のCO_2を排出している中国が、ギガワット級（100万キロワット級）

の石炭発電所を年に50基ほども建設しているからだ。そして、インドもそれに続いている。

これら新興国のCO_2の排出はこれからさらに増え、近い将来、ほとんどが、新興国からの排出となるはずだ。つまり、先進国がCO_2削減のために、何か効果的なことをするつもりなら、自分たちのことよりも、新興国の手助けをした方が良い。たとえば、火力発電所の熱効率を良くするとか、再エネ発電の開発支援をするとか、あるいは、安全な原発の技術を提供するとか。

送電線ができない！　脱原発に間に合わない！

ドイツの脱原発の実態について、日本ではかなり不正確な情報が出回っている。ドイツの電気代は再エネの伸長につれて安くなっていくような報道も目立つが、それは間違いだ。法律の改訂で再エネの買上げ値段は下がったが、すでに設置されている発電施設に対しては20年間、既定の額を払い続けなくてはならないから、すぐに電気代は下がらない。それどころか、これからも上昇するだろうというのが経済エネルギー省の公式見解である。

また、送電線の建設がほとんど捗っていないことも、日本ではあまり報じられない。いや、捗《はかど》っていないどころか、ドイツの送電線の建設は壊滅的に遅れている。北ドイツの強い風を利用すれば、電気は大量に比較的安定的に供給できる。その場合、これを工業地帯の南ドイツに運ぶため、ドイツを縦断する大規模な超高圧の送電線が、緊急に少なくとも3本、計2800キロメートル必要という話だったが、それがなかなか進まない。

＊追記 2017年現在、ごく一部が完成しただけで、まだ最終的な建設ルートも決まっておらず、同年、2022年の完成予定は25年に延期された。今の調子でいくと、これも危ういかもしれない。

それに加えて、2900キロメートルの既存の高圧送電線も、変動の大きい再エネ電気を大量に受け入れられるように、改良しなくてはならない。合計39のプロジェクトが計画されており、コストは計100億ユーロ。これには、ケーブルを地下に潜らせるための経費は含まれていない。これらの工事が一向に進まないのも困るが、しかし、反対に、進めば進んだで、そのコストはすべて消費者の電気代に乗せられることになるので、電気代はさらに上がり、やはり困ったことになる。いずれにしても悩ましい状態だ。

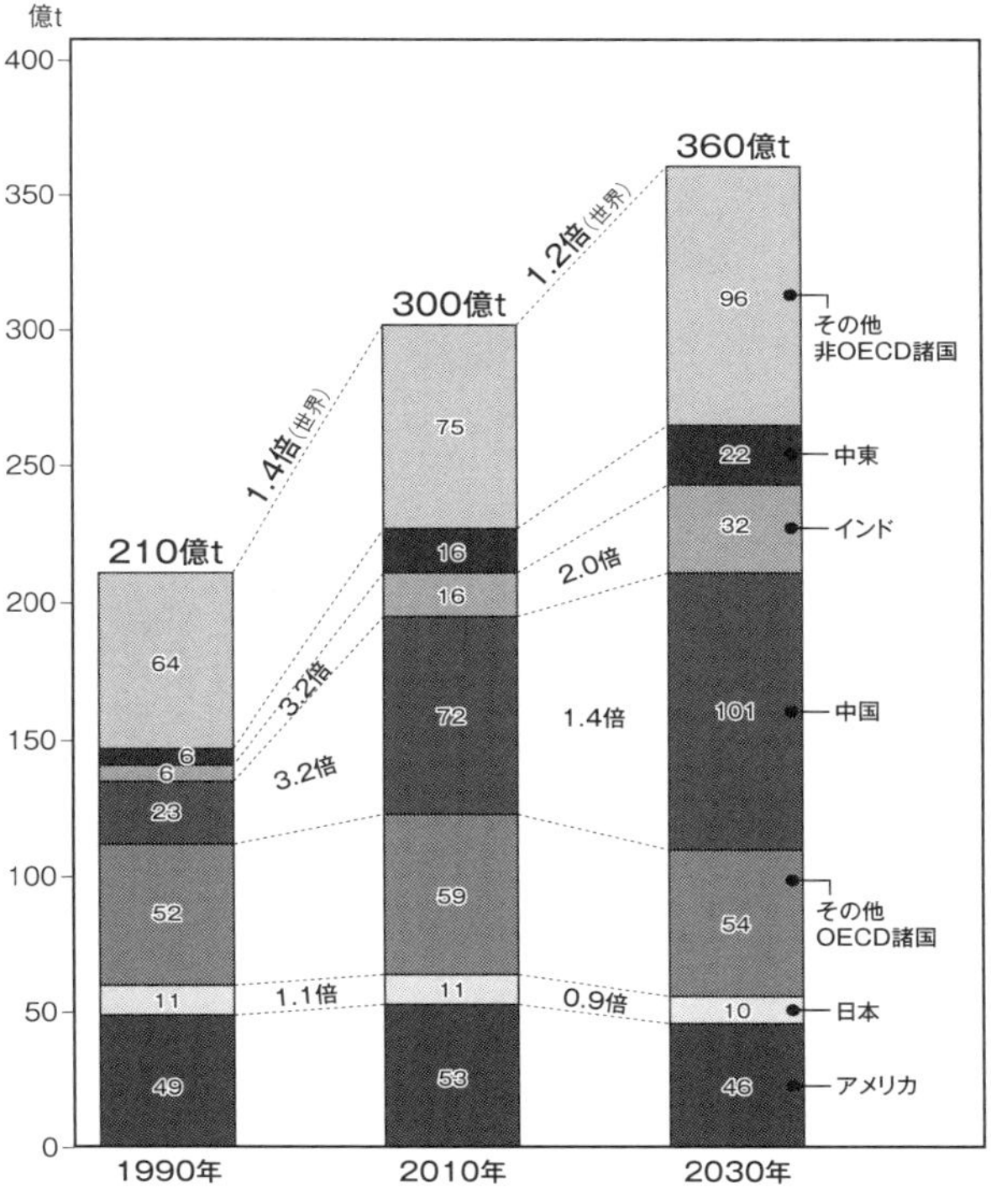

図表４－２　CO_2排出量の地域別将来見通し。現在でも排出量の半分以上が先進国以外からのものだが、2030年以降は７割以上が新興国と途上国によるものになり、特に中国は世界の排出量の３割を占めるようになると予測されている。（出典：資源エネルギー庁　総合エネルギー調査会資料）

それにしても、なぜ送電線の建設は進まないのか。

まずは、住民の反対だ。ドイツの国民は、脱原発を正しいこととし、その実現にぜひとも協力したいといった。その意思は今も変わらない。涙ぐましいほどだ。当時、彼らはいった。「送電線が地元を通ったとしても、それはやむを得ない」と。しかし、現在、計画されているドイツの南北を結ぶ超高圧送電線 Sued. Link（3本計画されているうち一番東寄りの線）については、すでに何十もの市民グループが激しい反対運動を起こしている。かつて反原発のためにデモをした人たちは、今、反送電線を叫んでデモをしているようだ。

市民が反対している理由は、まずは景観。送電線は醜い。目障りだし、観光客が逃げる。

脱原発の大動脈となる3つの大送電線は、電圧は38万ボルト。数十メートルの長さの腕を持った高さ80メートルの鉄塔が、それも1列ではなく、ところによっては2列、3列と並んで、ドイツの中心の深い森の中をベルトのように通る。そのベルトの幅は、広いところでは1キロにもなるというから、将来のドイツでは、そういう縦列になった鉄塔群が、幅広の帯のようになって、山越え、谷越え、南北を縦断する可能性が高い。景観が壊れるというのはある意味では正しい。しかし、ある意味では、広大な森

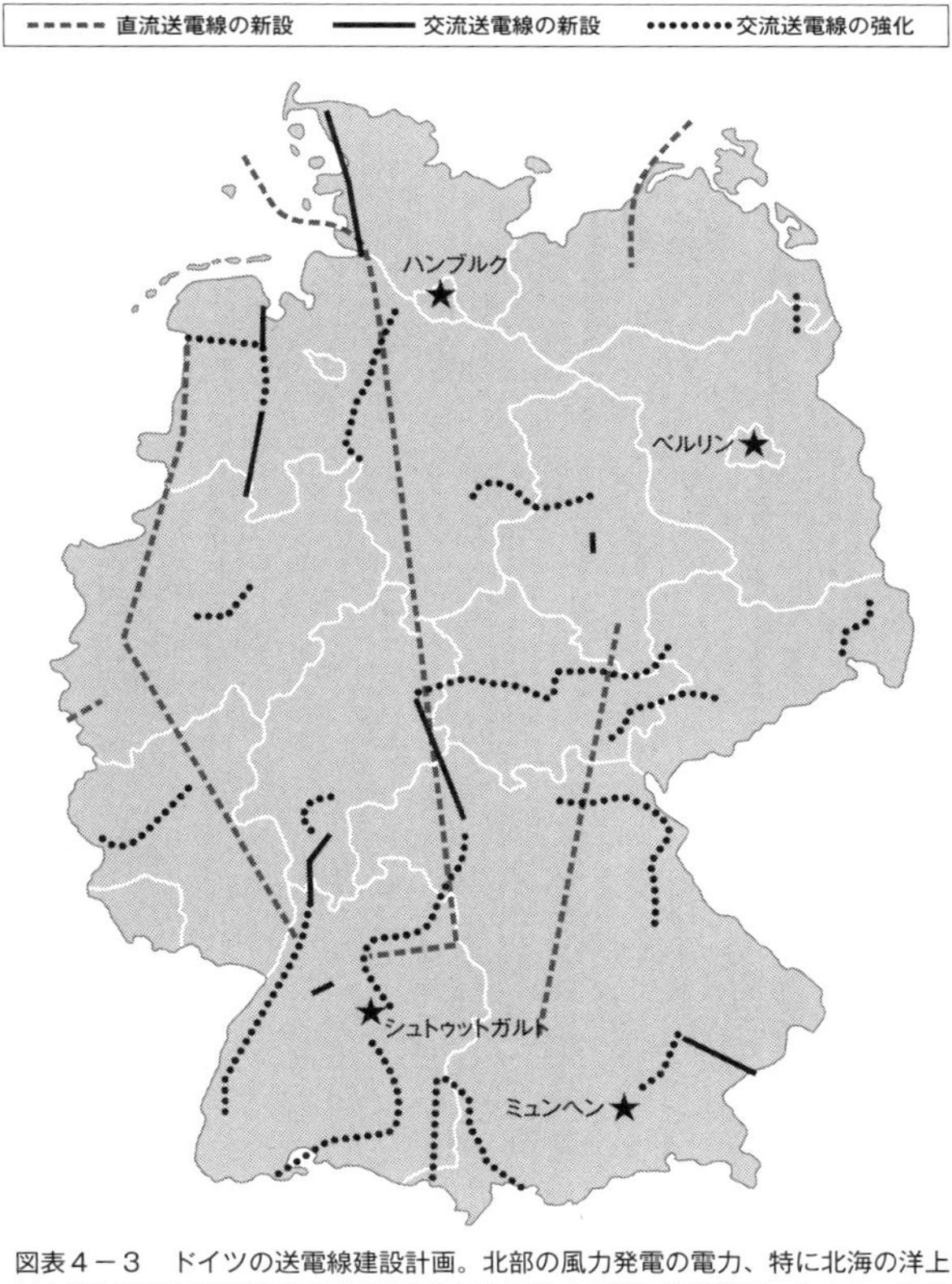

図表4－3　ドイツの送電線建設計画。北部の風力発電の電力、特に北海の洋上風力発電の電気を工業地帯である南部に運ぶために送電線が必要。しかし、計画はあるものの、建設が進んでいない。

の中に1キロ幅のベルトができても、たいしたことがないといえば、たいしたことはない。

もう一つの懸念は、電磁波による健康被害。送電線反対デモで掲げられている「子供たちの安全な未来のために」というプラカードは、どこかで見たことがある。そう、これこそが反原発のデモのモットーでもあった。そこで今、送電線は村を避け、町を避け、自然保護地域を避け、学校も病院も迂回し、いざ、森の中を通過させようとすると、今度は木を切ってはダメとなる。

2013年7月に制定された「送電線敷設推進法」では、送電線の走る場所から400メートル以内のところに住宅がある場合、州政府は、その地区の送電線を地下に埋蔵することを要求できるようになった。送電線の通る地方自治体への、1キロメートルあたり4万ユーロの賠償支払いもすでに決められた。送電線はいまや「モンスター」と呼ばれて忌み嫌われている。

バイエルン州の市民運動に政治がふらつく

送電線ができないと、脱原発は進まない。送電線のネットワークが整備されるスピードが、すなわち、再エネの発電が実用化されるスピードを決める。前述の法律で、送電線工事の認可は、州政府ではなく、連邦系統規制庁が行うことになった。州の管轄にすると、地元の利害が絡み、絶対に工事が進まないのは、すでにわかり切っていたからだ。

送電線が建設できないとなると、解決法は二つある。一つは、北の電気を運ぶことをあきらめて、電気を必要としているところの近くに発電所を造ること。なるべくなら、空気をあまり汚さないガスの発電所が良い。

もう一つは、すべての送電線を地下に埋めること。市民運動の主張しているのは、後者だ。送電線を地下に埋設すると、少なくとも地上の6倍のコストにはなるといわれている。しかも、地下ケーブルでは超高圧の電気は運べないそうだ。また、変電施設の問題もある。

中部ドイツの州の住民としては、送電線が地元を通るが、それで運ぶ電気を自分たちが使うわけではないので、反対を叫ぶ声にはさらに力がこもる。デモでは景観と健康が叫ばれ、脱原発やCO_2の削減などは霞んでいる。いずれにしても、皆が怒っている。

さらに、14年に入り、バイエルン州が突然、送電線の建設に反対し始めた。このような大事なことを、市民を抜きに決めるのは良くないというのがその理由だ。あまり送電線に拘わると、送電線反対を叫ぶ市民につき上げられて、与党議員が、皆、危うくなるというお家の事情がある。そこで、市民と対話し、市民参加の解決策を探りたいという姿勢を見せた。今では自治体の議員も市民のデモに加わっていたりで、かなりの混戦模様だ。

そのバイエルン州では、2015年6月27日、グラーフェンラインフェルトの原発が、まず9基の中の1基目として停止された。

＊追記　2017年12月31日にバーデン・ヴェルテンベルク州のグンドレミンゲン原発のB基が止まった。

ドイツの原発は、その後、19年にさらに1基、21年と22年に3基ずつと、あと4年ですべて停止することになっている。ドイツ南部のバイエルン州とバーデン・ヴュルテンベルク州は工業地帯で、その電気は、元々60％を原発に依存していたので、すでに電力が不足している。しかし、送電線はどっちにしても間に合わないので、結局、北部ドイツの風力電力ではなく、近隣の火力電気がその代替となる予定だ。

さて、北であまっている風力電気がどうなっているかというと、地元には産業も人口も希薄で引き取り手がなく、その一部はチェコとポーランドの送電線を経由して南ドイツに運ばれている。ただ、チェコでは、やみくもに増減するドイツの風力電気が入り込んでくることで、系統が傷み、かなり迷惑しているらしい。そこで、ドイツの電気が勝手に流れ込まないような設備を造ったり、賠償を請求したりという問題まで起こっている。

２００９年ごろ、シュトゥットガルトの中央駅周辺の都市計画に対する市民の反対運動が激化し、工事が何年にもわたって中断したことがあった。その反対運動が繰り広げられていたころ、〝怒りの市民〟という言葉が「今年のワード」になった。今も、ドイツでは、〝怒りの市民〟が、場所を変え、品を変えてデモをしている。かくして、送電線工事はなかなか進まない。

決定打となるはずだった洋上風力発電が進まない

進まないといえば、北海とバルト海の洋上風力発電も進まない。元はといえば、この洋上風力の電気がドイツの脱原発を根底から支えるという計画であった。北海とバルト海は、一年中かなり安定した風力が見込め、しかも、太陽光と違って、ありがたいことに夜中も風は吹き続ける。北海のテスト・ウィンドパーク〝alpha ventus〟では、

2012年、発電効率96・5パーセントを記録した。他のどんな再生可能エネルギーも、これほど効率の良い電力供給はできない。

2013年8月、北海に、ドイツで3番目の洋上ウィンドパークが完成した。初めての商業ウィンドパークで（既存の2基は試験用）、リフガートと命名されている。リフガード・ウィンドパークは、30本の風車からなり、108メガワットの性能を持つ。風車の羽1枚の長さは60メートル。つまり、風車が回った軌跡の円の直径は120メートルにもなる。水面上に出ている支柱の高さは90メートルなので、水面から、羽の一番てっぺんまでの距離は、約150メートルだ。

支柱は、海底を掘削して造った基礎に固定されている。基礎は長さ70メートル、深さ40メートルという巨大なものだ。設計から工費まで、合計で4億5000万ユーロが投資された。この高価な30本の巨大タービンが順調に稼働すれば、12万戸の家庭の電気を供給できる。脱原発を決めたドイツでは、洋上風力に大いなる期待をかけた。これこそが、将来訪れるはずの原発フリーの世界で、明るく輝く希望の星なのである。

ただ、洋上のウィンドパークの建設は難しい。申請され、認可されているウィンドパークは100カ所以上に上るが、完成しているのはほんのわずかだ。2015年時点では試験用も含めて、北海で6カ所、バルト海で2カ所だった。そのうちの2カ所は、風車がたった1本ずつ。

しかし、ただでさえ難しい建設を、ドイツ人はさらに難しくしている。たとえば、ここでも海岸の景観を重視し、風車を陸から見えない遠いところに建てようとしているため、長大な海底ケーブルが必要になる。長距離の海底を、電力の損失をなるべく抑えて送電する場合、交流の電気を高圧の直流電気に変換するため、巨大で高性能なコンバータ（52メートル×35メートル×22メートル）を荒波高い洋上に設置しなければいけない。イギリスやデンマークなど洋上発電が盛んなところでは、風車はなるべく岸から近いところに建て、この変換を陸でやっている。

なお、200キロを超えるような長距離の海底送電は、ドイツ‐スウェーデン、あるいは、スウェーデン‐イギリス間などで行われているが、こちらは、陸で作った電気を、海底ケーブルを使って陸へ運んでいるだけだ。

工事の進捗を阻止している事情は他にもある。たとえば、第二次世界大戦のとき、イギリス空軍はドイツを爆撃したあと、あまった爆弾を、燃料を節約するために北海に落として帰還した。だから、工事の前には、海底の不発弾の探知をしなければならない。見つかった爆弾は、特殊作業員が潜って引き上げている。また、北海もバルト海も波が荒いので、工事作業員の3分の1が船酔いで使い物にならなくなるという笑えない事態も起こった。

そのうえ、環境保護団体も難題を吹っ掛ける。その海域に生息する小さな鯨を保護するため、掘削の騒音が160デシベルまでと制限されたり、その鯨が工事現場に近寄らないよう、水泡のカーテンによる保護壁を設置したりすることが義務付けられたところもある。せっかく計画を立てたのに、そこがある水鳥の生息地であるということがわかり、許可されなかったウィンドパークもあるという。なお、高速で回る風車は見えにくいため、鳥が飛び込む危険は高いし、渡り鳥は、天候が悪いときには光に向かって飛ぶという習性があるらしく、霧にかすむ風車の点滅光のせいで鳥の大量自殺が起こる可能性もある。聞くところによれば、その他にも、環境保護者の抗議は長いリストとなっており、ドイツでは動物愛護団体の力が強いこともあり、合意がなかなか難しい。

そんなわけで、投資家が怖じ気づいたらしく、後続の洋上プロジェクトはなかなか続かない。そのため、投資を呼び込めるように、買取りの単価は、太陽光や陸上風力とは違って、洋上風力だけは、高止まりで据え置かれている。ただ、現在、投資が鈍っているとはいえ、計画中のものは、風車数にすると8000本を超える。だから、もし、何らかの理由でそれらの建設に弾みがついたなら、今度は買取り総額が跳ね上がることになる。それを負担するのは、もちろん国民である。将来の電気代についての不安材料の一つだ。

＊追記　2018年現在、稼動中のウィンドパークは17カ所に増えた。合計の発電容量は470万キロワット。ただ、現在海底ケーブルがまだつながっておらず、本格的な発電にはいたっていない。現在建設中のものも多く、2020年に650万キロワット、2030年に1500万キロワットとめざしている。

追い詰められた電力会社が挑んだ政府との闘い

さて、突然早まった脱原発で一番困っているのは電力会社だ。民間会社といえども、電力の供給という、国の経済の根幹のところを担って、これまで何十年、国家と二人三脚で進んできたのだ。それを突然ひっくり返され、経営方針やら、経営計画の急変を余儀なくされ、今では、利益も出せず、株主に対しての経営責任も果たせない。国家の決定は、電力会社にとって、法律で保証されている経営の自由の侵害であるともいえる。何よりもこの状態では廃炉のための計画が狂ってしまう。

各電力会社は、これまで、いずれ訪れる原発閉鎖の日のために、その経費を稼働中にずっと積み立てている。原発の閉鎖のコストは、通常1基あたり2億から9億ユーロの間という試算だ。

科学的な調査を専門とするコンサルティング会社 Arthur D. Little は、17基の原発の廃炉の処理にかかる経費を、合計180億ユーロと推定している。この17基の持ち主である4社の電力会社は、現在、すでに合計330億ユーロを用意しているという（ただし、帳簿上の話）。

14年5月12日発売のシュピーゲル誌で、特ダネがあった。見出しは「原子力のためのバッドバンク」。バッドバンクとは、金融機関が抱える不良資産を買い取って、管理・処分する機関である。金融機関から不良資産を切り離すことにより、損失拡大を食い止め、財務状況を改善し、金融システムを健全化することが目的だ。

では、シュピーゲル誌のすっぱ抜いた「原子力のためのバッドバンク」とは何かというと、E．on、RWE、EnBWの大手電力会社3社（ドイツには電力会社は4社あり、残りの1社は外国資本）とドイツ政府の間で、バッドバンクのような機関を設立しようとする秘密計画が進められているというのだ。この場合の不良資産とは、電力会社の原発部門に他ならない。

具体的には、「電力会社から原発部門を買い取って、脱原発の後始末をする機関（バッドバンク）を作る。これは、基本的に国営。電力会社はそこに、原発閉鎖のときのために積み立ててきたお金300億ユーロ（4・2兆円）を拠出する。そして、原発閉鎖までの稼働と、その後のことは、すべてバッドバンクに委託」とシュピーゲル誌。もしも、原発の後始末代が300億ユーロを超えると、あとはもちろん公的資金が投入されることになる。

報道は概ね、〝政府と電力大手が、国民に内緒で何か悪いことを企んでいる〟、〝電力会社は脱原発の後始末、つまり、原発施設の解体、除染、そして、核廃棄物の最終処分などを、すべて国民に押し付けようとしている〟、〝電力会社は、過去の原発導入の際に補助金を受け、それが軌道に乗れば民営企業として儲け、最後の後始末のときは国営になる〟という非難で満艦飾だ。シュピーゲル誌の記事も、同じく非難のスタンスで書かれていた。

しかし、本当にそうなのか？

ドイツが2022年までの完全脱原発を決めたのは、福島の事故のわずか3カ月後だ。事故のあと、17基のうちの古い7基を即座に止めた。そのとき、ちょうど点検のために止まっていた1基もそのまま稼働させなかった。

＊追記　その後、2基止めたので、現在動いているのは7基。

しかし、止めた原発はどれも、まだまだ稼働できるはずだった。その前年、２０１0年には、それまで32年と決められていた稼働期間がさらに平均12年延長されていたことはすでに書いた。ただ、このとき、核燃料棒を取り替えるたびに、電力会社が核燃料税という多額の税金を支払うことも取り決められた。核燃料税は、公にはいわれていないが、稼働年数延長の見返りであり、そこには政府と電力会社の間での暗黙の了解があったと見られている。しかし、２０１１年の福島の事故のあと、唐突に稼働年数が短縮されたのだから、電力会社にしてみれば、核燃料税を支払う謂われはないということになる。支払いを拒否したいところだが、しかし、政府はそれを認めない。これが今、裁判沙汰となっている。

この裁判はそうでなくても政府に不利だといわれていたが、ハンブルクの財務裁判所は、さらに政府を追い詰めた。そもそも核燃料税の徴収自体が憲法違反であり、政府は、今まで徴収した50億ユーロを電力会社に返還されなければならないという、寝耳に水の判決だったのだ。ＥＵ裁判所とドイツの最高裁がこの判決を認めれば、政府は実に50億ユーロの出費を強いられることになる。

しかも、政府相手の裁判は他にも複数が同時進行している。たとえばＥ．ｏｎとＲＷＥは、政府が強行した唐突な原発の稼働年数の短縮は、企業の所有権に対する不法な侵害であるとして、損害賠償金150億ユーロを求める訴えを最高裁に出している。
また、4つの電力大手の一つVattenfallも、自社の2カ所の原発が早期停止を強いられたことに対し、損害賠償として30億ユーロを求めている。Vattenfallはスウェーデンに本社を持つ多国籍エネルギー企業なので、国際エネルギー憲章に基づき、ワシントンの調停裁判所に起訴しており、現在、判決待ち。判決が下れば、ドイツ政府はそれにしたがわなくてはならない

＊追記　2018年現在、Vattenfallの請求額はこれまでの利子やら何やらで、すでに57億ユーロに膨れ上がっている。

つまり、ドイツ政府は性急な脱原発決定のせいで、全方向からかなり追いつめられている。そして、そういう事情を見ていくと、シュピーゲル誌の特ダネ、政府と電力会社の「秘密計画」は、まんざらありえない話でもない。バッドバンクを作る代わりに、損害賠償の支払いや核燃料税の返還分を相殺できれば、政府にとっては悪い話ではないはずだ。そのうえ、電力会社が拠出するという300億ユーロが手に入る。

いずれにせよ、再エネ優先政策で利益を上げる手段を奪われている電力会社に、無理やり奪った原発の後片づけをさせ、さらに電気代の高騰を糾弾したなら、電力会社は倒産する危険がある。それが一番困る。

脱原発でどんどん追いつめられていくドイツ政府と、儲けられない電力会社、補助金で潤う再エネ、そして、財布を狙われている庶民。ドイツの脱原発が完成するまでには、まだまだ波瀾万丈が予想される。

したたかに不採算部門切り離しにかかる電力会社E．on

それから半年後、シュピーゲルのバッドバンク構想を皆が忘れかけていた12月1日、衝撃のニュースが流れた。ドイツ最大の電力会社E．ｏｎが、原子力、石炭、水力、ガス部門を切り離して、別会社を作るという。２社分割は、２年以内に完了する予定となった。

新生E．ｏｎ社は、再エネ、送電網運営、顧客サービスの会社に変身し、本格的に再エネ事業に乗り出す。ここのところ、売り上げががた落ちになり、将来性の見えなかった同社だが、これによってイメージアップを図り、一気に展望が開ける模様だ。

新しく設立される別会社の方は、原子力、石炭、水力、ガスの発電事業と、石油採掘・調査、原料輸入などを引き継ぐ。いわば、これまでのE．ｏｎの中心事業であった部門だ。本来なら、こちらがE．ｏｎの名前を踏襲しても良さそうなものだが、もちろん、原発という消えゆく事業にE．onの名を継がせるわけにはいかない。

＊追記　2016年、E．onの子会社はUniperという名前で発足。その後RWEも再エネ部門を切り離し、Innogyという子会社に託した。

ドイツ人の目に映る電力会社というのは、〝再エネへの転換に無駄な抵抗を続け、危険な原発や環境に悪い火力にしがみついてきた良からぬ人々の集まり〟だ。しかし今回、その彼らがようやく目を覚まし、再エネに舵を切った。つまり、遅すぎたとはいえ、心を入れ替えた。それ自体はめでたい第一歩だとして、「一種の解放戦争」とか、「記念すべき日」などと書いたメディアもあった。再エネ開発が加速し、原発や火力がきれいさっぱりなくなる日が近づいたと思わせるような書き方さえあった。再エネだけでは安定な電力供給は不可能だということはもちろん曖昧にされていた。

いずれにしても、E．onがいずれ再エネの優良企業になるという期待が突然高まって、この日、同社の株価は急上昇した……と、以上が第一報の大まかなあらすじだった。

しかし、事実はおそらく違う。半年前、政府と電力会社が噂の否定に終始した「バッドバンク」の秘密交渉は、それ以後もずっと続いていたということなのだろう。当事者たちの口が堅かったか、あるいは、報道陣に箝口令が敷かれていたか、その内容は、今まで一切漏れ出てこなかった。しかし実際には、E．ｏｎの分割構想は、先の「原子力のバッドバンク」の改良版に他ならないのだと思う。

再エネにシフトする新生E．ｏｎを評価したメディアは、しかし、新会社の方には厳しかった。原発を抱えたこの会社が倒産すれば、国民に負担が圧し掛かると警告を発している。

しかし、この会社がつぶれることはない。なぜなら、この会社は原発だけでなく、火力、水力、ガスをも抱えているからだ。ベースロード電源として、また、再エネのしわ取り電源として、絶対不可欠な電源である。再エネの台頭で利益も上げられず、だからといって、閉鎖も縮小も許されない呪われた電源でもある（電力会社は13年10月、全土で50基の発電所の停止を連邦系統規制庁に申請したが認められなかった）。儲からない企業が、撤退も縮小もできないのは、市場経済の原理に反している。企業の目的は慈善でも社会奉仕でもなく、まずは利益の追求なのに、そういう当たり前のことが理解されず、電力会社はいつも悪者だ。しかし、この会社がつぶれて困るのは、決してE．ｏｎではない。政府と国民だ。

E．ｏｎは、だったら、分離させた会社を国が支援すれば良いと思ったのではないか。彼らはついに反撃に出たのだ。国の支援とは、具体的には、いざというときのために待機している発電設備に、それに見合った報酬を支払うということになるだろう。医療保険代のようなものだ。ただ、そのお金の出どころは、またもや国民の電気代。そして、新生E．ｏｎの方は、心置きなく、栄えある再エネ産業に徹することができる。

ただ、そんなことは、再エネの夢を壊すからか、あまり報道されない。いずれそうなったら国民は、なぜ電力があまっているのに、火力に補助金を払うのかと、再び激怒するだろう。だから、不採算部門の切り離しが報道された12月1日以来、聞こえてくるのは、再エネは世界の趨勢であり、後戻りはできないということばかり。ドイツはその先端を行っており、多くの国々がそれを手本に努力している！

ドイツには4社の電力大手がある。うち3社、E．ｏｎとＥｎＢＷとVattenfallの再エネ電気が、ドイツの全発電量に占めるシェアは、まだ2％にも満たない（もう1社のＲＷＥは石炭火力が多く、再エネはぜい弱）。しかし、E．ｏｎの本格参入を機に、これからは電力大手の再エネ投資が進み、国民の望みに一歩ずつ近づいていくだろう。

興味深いのは、14年の春ごろには、既存の発電方法で利益を出すことは難しいといっていたE．ｏｎの社長が、今回、分割を決めたあと、発言内容を大幅に変えたことだ。今、彼は、再エネ企業となる新生E．ｏｎと、既存の発電事業を引き継ぐ別会社の、どちらがより多く利益を上げることになるかはわからないと言いだした。
ひょっとすると、今、電力会社は強力なカードを手にしつつあるのかもしれない。
ドイツの電力会社はタフである。

第5章　ドイツの再エネ法が2014年に改正されたわけ

再エネ法の欠陥修正は第3次メルケル政権の喫緊の課題

再エネ法が制定されたのは2000年。ドイツの脱原発の一番の要となる法律だ。それは、この法律が、再エネ電気のFIT（固定価格20年間全量優先買取り）を定めているからだということは、すでに書いた。ただ、当初はパネルの値段が高く、投資は政府の思ったほどには進まなかった。それが加速したのは、2004年に買取りの条件が改善されてからだ。2000年から2014年までの14年間で、再エネの発電施設は400倍に伸びた。今では、再エネは、太陽や風の条件さえ揃えば、ドイツの電力のピーク時をカバーできるほどの設備容量がある。

しかし、FITについては、これが構造的にうまくいかないシステムであるということは、かなり最初のうちから明らかになっていた。FITの補助金で支えられた再エネ電気は、無防備に卸市場に流れ込んで電力の値段を破壊した。しかも、市場の電気の値段が安くなれば、固定買取り値段を補償する補助金の分が高くなり、かえって消費者の電気代が上がるという矛盾を作り出した。また、再エネの発電時、自社の出力を控えなければならず、採算の合わなくなった電力会社は、発電に高いガスではなく、安い褐炭や石炭を使ったため、CO_2も増えた。

ＦＩＴの失敗に気づいたドイツ政府は、09年、12年、ＦＩＴの買取り値段を大幅に下げたが、それが今度は皮肉なことに、２度の凄まじい駆け込み申請を招いた。ぎりぎりで滑り込んだ人たちは、発電した電気に対して、20年間の買取りが保証された。それによって、電力市場のゆがみも20年間保証されたのである。そこで、もっと抜本的な改正、大本である再エネ法の改正が、喫緊の課題となった。

２０１３年12月、第３期メルケル政権が成立した。ＣＤＵとＳＰＤの大連立である。脱原発の決定から2年半。しかし、それは思うようには進んでいなかった。その成功の如何に、ＣＤＵの政治生命がかかっている。一方、ＳＰＤとしては、どうにかして、脱原発の成功はＣＤＵではなく、自分たちの手柄にしたいと思っていた。

そこで新政権では、ＳＰＤの党首、ガブリエル氏が、副首相と経済エネルギー大臣を兼ねることになった。経済エネルギー省というのは、旧経済技術省が新しく編成された省である。新メルケル政権では、エネルギー政策は、経済エネルギー省の一本にまとめ、環境省は締め出した。そして、経済界寄りのガブリエル氏が、大臣就任と同時に、エネルギー政策の仕切り直しにわき目もふらずに突進した。ガブリエル氏はその間、これまでのCDUのやり方がいかにまずかったかというアピールをすることも決して忘れなかった。しかし、本当はというと、CDUがもっと早く再エネ法にメスを入れようとしていたのを、それまで野党であったSPDが足を引っ張っていたのだった。

新しい法案は早くも6月には骨子ができあがり、あっという間に国会を通過し、8月1日より施行という段取りになった。いわゆる「再エネ法2014」である。これにより、エネルギー政策は新しい段階に入った。2年半の間、硬直していたエネルギー転換が、にわかに、動き出したのである。

「再エネ法2014」の目的

改正の目標を簡単にいえば、

①再エネを伸ばし、

②国民が支払える電気代を維持し、
③産業の立地を守り、
④システム全体のアンバランスをなくす

ということだ。ただし、①の「再エネを伸ばす」は、今までの政策と齟齬をきたさないためのものであり、改正法の真の目的は、必ずしも再エネの量的伸長ではない。再エネの発電を合理的な制御下に置き、過剰な補助金を減らし、市場経済の下での運用に近づけるということだ。再エネはまだ、補助金なしに市場で他の電源の電気と競争できるところまで進化していない。

再エネ法改正の背景には、再エネの容量が伸びたことによる不都合が、無視できないほど大きくなったという事情がある。私たち日本人は、一歩先を行っているドイツで、いったいどんな不都合が起こり、そのため法律の何が改正されたのかをちゃんと見た方が良い。それを1つずつ確認していこう。

FITをやめてDM（ダイレクト・マーケティング方式）に移行

再エネ法2014による一番大きな変化は、発電事業者が、作った電気を自分で卸市場に売らなければならなくなったことだ（小口の発電者は除く）。ゆえに、ダイレクト・マーケティング、ＤＭという。

これにより、20年の固定価格での買取り保証はなくなり、その代わり、市場での売値に、プレミアムという名の補助金が支払われることになった。この売値とプレミアム分を合わせると、ちょうど従来の固定価格ほどの金額にはなるのだが、違うところもある。

このプレミアム分は、従来のＦＩＴのように固定ではなく、３カ月ごとに調整される。何を基準に調整されるかと言うと、新設された再エネ施設の容量である。つまり、太陽光の発電施設が増え過ぎれば、太陽光を売ったときのプレミアム分は減り、新設が少なければ増える。風力も同じだ。つまり、これは、事実上のＦＩＴの停止といえる。

小口の発電者、たとえば、屋根に太陽光のパネルを乗せて発電している個人の電気は、今まで通り買い取られるが、とはいえ、買取り値段は下がった。

ＦＩＴの欠点は、ドイツではすでに２００５年ぐらいから指摘されていた。とにかく電気代が上がりすぎるということで、ドイツは２００９年に、買取り値段の引き戻しを行っている。そんな先例があるのだから、20年間固定価格のＦＩＴなどを、日本は決して導入するべきではなかった。しかし、なぜかそれを真似た。しかも、日本の買取り値段は、ものによってはドイツより高かった。2011年のドイツの太陽光買取り値段は、出力1メガワット以上は1キロワット時あたり21・56ユーロセント（当時の為替相場で25円）、平地に設置した場合は21・11ユーロセント（同24・5円）、屋根に設置した30キロワット以下のものでも28・74ユーロセント（同33・3円）。一方、日本の2012年度の買取り値段は、1キロワット時あたり40円（出力10キロワット以上の場合）に設定された。そして2016年、日本の再エネ買取り総額は2・3兆円を超えた。これが2030年には4・7兆円になるという。当時の菅政権は、取り返しのつかない失敗を犯したのである。

DMの制度自体は、実は09年からあり、発電事業者はFITかDMを選択できたが、プレミアムが付いていなかったので普及はしなかった。そのあと12年にプレミアムが導入された。そして将来は、これが、小口の発電者などを除いたすべての新規電源に適用されることになる。

また、再エネ法2014では、新設の発電施設（2016年以降に稼働）においては、再エネ電力の供給過剰で価格がマイナスになってしまう状態が連続6時間を超えるとプレミアムは全面カットされることになる。今までのように、再エネが系統に入りす

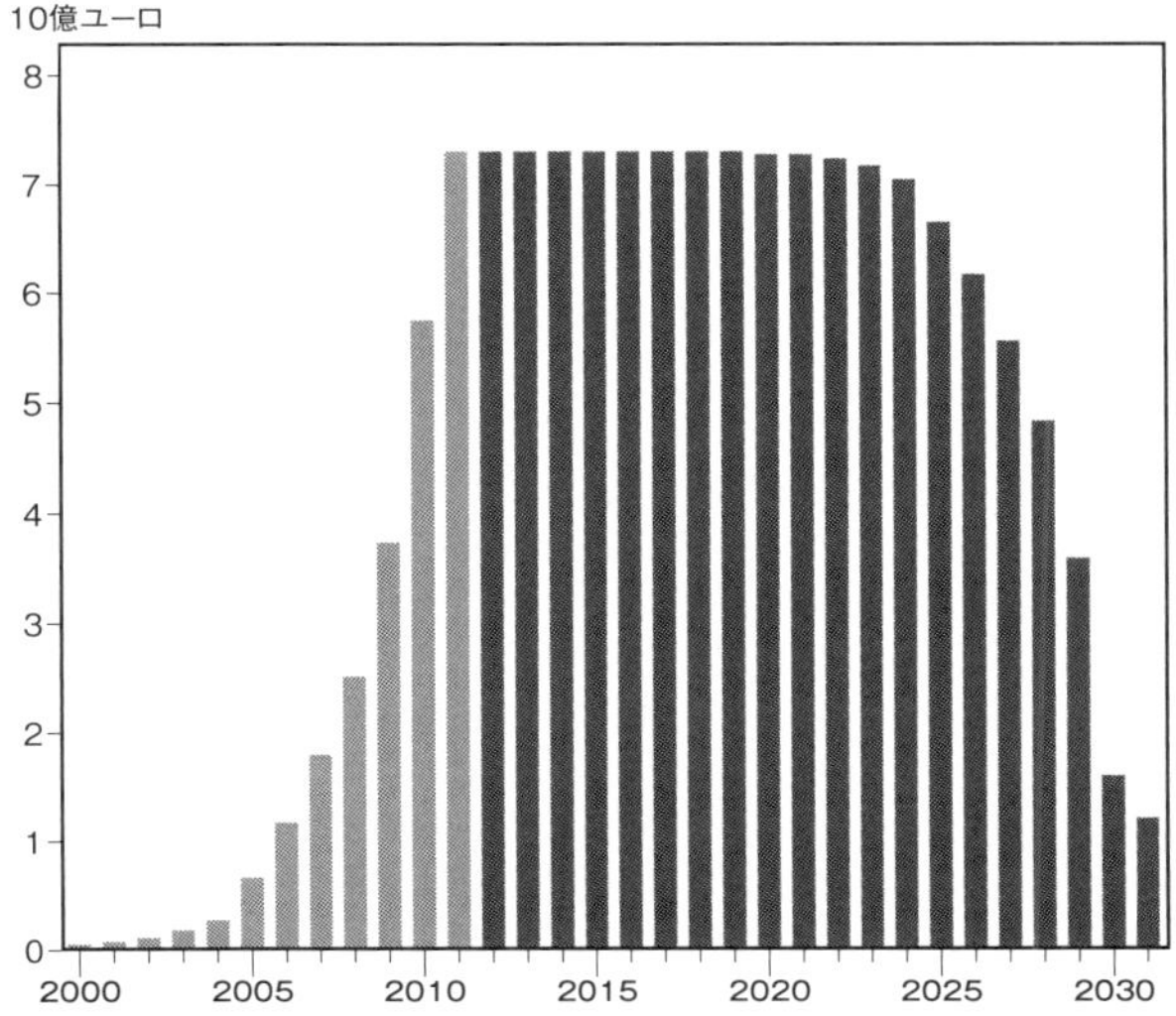

図表５－１　ドイツの再エネ電力賦課金の推移予測。太陽光に対する賦課金総額は年間70億ユーロ（約9400億円）超。この高止まり状態は今後10年以上続くと予測され、賦課金の支払いがなくなるには20年がかかる。（出典：ドイツRWE 経済研究所2012年レポート）

ぎ、値段が暴落してしまうことを防ぐのが目的だ。いずれも、再エネをなるべく市場競争力のあるものに変えていくのが最終目標のようだ。

新設の再エネ設備の量を制限することに

また、再エネが全体の発電のどのぐらいの割合を目指すかという達成目標も若干引き下げられた。今までの達成目標では、20年に35％、40年に65％となっていたのを、新しい再エネ法では、25年に40〜45％、35年に55〜60％としている。50年に80％というのは、少なくとも80％という表現に変わったが、そんな先の話に具体性はなく、この数字はあまり重視する必要はないだろう。また、各電源の増設の目標値も無制限に増加しないよう次のように増設の上限が定められた。

・洋上風力：20年に650万キロワット、30年に1500万キロワット
・陸上風力：年間250万キロワット
・太陽光：年間240〜260万キロワット
・バイオマス：年間10万キロワット

洋上風力だけは前述のように投資が進まなかったので、達成目標は高くされており、

買取り値段も19セントという高い水準に据え置かれている。ただ、本当に洋上風力が増え始めると、この割高な買取り値段が電気代を押し上げて、新たな問題となるだろう。

電気の受け入れ制限を遠隔操作で行えるように

さらに大きな変化は、これからは、再エネ発電設備には遠隔操作の装置の設置が義務付けられることだ。つまり、送電線の運営者が、随時、遠隔操作により個々の発電設備を停止させ、電力の受け入れを中止することができるようになる。リモコン装置を備えていない発電施設は、売電の契約ができないし、マーケットプレミアムを受ける権利もない。

これまでは、送電線がパンクしそうでも天気によってはどんどん電気が流れ込み、それがドイツ国内のみならず、隣国の系統にも不都合を引き起こしていたが、そういう事態を事前に防ぐことが目的だ。ちなみに日本でも、余剰電力が発生しそうなときに、発電事業者が抑制するルールはすでにあるが、しかし、これは５００キロワット以上の規模の発電施設が対象で、電力会社から事業者に直接電話をかけて出力制御を要請する。しかし、今、小規模の発電者が急増してしまい、九州や四国では深刻な事態となっている。今後は、やはり遠隔操作のできる環境の整備が急がれるだろう。

＊追記　現在、新設の発電施設には遠隔装置が義務づけられるようになつた。

２０１４年、日本では、系統に接続できないほど多くの再エネ発電の申請があり、電力会社が「待った」をかけた。そのため、電力会社が、自分たちの利益のために無理無体な言い分を通そうとしているように報道され、再エネに投資しようとした人々は、電力会社に怒りをぶつけていたようだが、大量の再エネが無計画に系統に入ると困るのは、どこも同じだ。だから、これは怒る相手を間違っている。

日本の場合は、導入しようとしている容量が受け入れ可能な容量とかけ離れているばかりか、送電線さえ整っていない場所に建設計画があったりする。ソーラー・バブルがどんなに困る状況を作り出すかは、ドイツの例を見ればすぐにわかる。過剰な発電は系統を壊し、大停電さえ引き起こす。怒りをぶつけるならば、ドイツの例から学ばず、現実に合わない制度を作ろうとした前民主党政権と当時のエネ庁審議会のメンバーにぶつけるべきではないだろうか。

賦課金の大企業減免制度の見直し

再エネ法2014の改訂は他にもある。不公平だと悪評の高かった賦課金免除、および、賦課金減額についての規定も、少し変更された。

賦課金は、これまでは一般消費者と中小企業ばかりが負担させられており、2100社もの大企業が優遇されていた。たとえば、化学、製紙、製陶、建材、鉄鋼、非鉄金属などの、電気の消費の極端に多い分野の企業で、理由はもちろん、国際競争力を削がないためだ。そのおかげで、それらの企業は安い電気料金を享受していた。

ただ、今回、賦課金の免除や減額が減ったとはいえ、ドイツ政府にしてみれば、重要な大企業が国際競争力を失ったり、あるいは、国外に逃避したりすることは避けなければならない。つまり、改訂は限定的なものにとどまっている。おそらく、国民をなだめることが目的で、改訂自体がそれほど大掛かりになされたわけではない。たとえば、消費電力ナンバーワンのドイツ鉄道は、賦課金負担は、通常に比べて80％引きだ。しかも、ドイツ鉄道は国際競争力とはあまり関係がない。

大企業が弱ることは、確かに、ドイツの国益にはならない。日本のように、年間4兆円も使ってエネルギーを輸入し、企業力を落とし、国力をじりじりと弱めていくようなことは、もってのほかだ。

なお賦課金は、今後は自家発電をしている人が使う電気にもかかるようになる。ドイツでは、発電者は自分で発電した電気を、自分では使っていない。発電した電気はすべて売電し、必要な電気は、電力会社から提供される普通の電気を使っている。買取りの値段の方が電気代よりも高いから、自分で使うより、売った方が得だからだ。

そしてこれまで、自分で発電をしている人は、賦課金を払う義務がなかった。それが、今後は義務になるのである。

ドイツにも性急な脱原発を危ぶむ人たちがいる

最近、脱原発一辺倒だったドイツも、雲行きが少し変わってきたように感じることがある。たとえば、２０１４年の暮れ、突然、「１００％原発の電気」というのが発売された。ドイツでは、１９９６年より段階的に電気が自由化され、今では、どの販売会社からでも電気が買える。インターネットに、価格比較のサイトがたくさんあり、自分の住所とおおよその使用電気量を入力すると、何十もの販売会社の、何百ものプランが表示される。

ここ10年ばかり、流行りは「１００％グリーンの電気」、つまり、再生可能エネルギーの電気で、今までは間違っても、「１００％原発の電気」などはなかった。ところがそれを今回売り出したのが、マックスエネルギー社といって、南ドイツのアウグスブルク市にある電気とガスの販売会社だ。２００８年に設立された新興中企業。しかも同社は、原発電気のさまざまなメリットを堂々と宣伝し始めた。

たとえば、原発は温暖化ガスを出さないので、採算の取れる蓄電技術が確立するまで、再エネ電気のバックアップは原発でやった方が環境に負荷をかけなくてよいなど。そんなことは、私だって常々言っているが、今まではそれを顰蹙《ひんしゅく》を買うことはあっても、理解されることはなかった。だから今回、マックスエネルギー社に、「王様は裸だ！」と大声で叫んでもらったようで、少し嬉しかった。

さらに意外で面白かったのが、放射性物質の放出は、火力発電所の方が原発より３倍以上も多いという話。石炭にはウランが含まれているからだそうだ。新聞報道によれば、原子力１００％の電気は値段が格別安いわけでもないのに、発売後１週間で少なくとも３０００人が、この１００％原発の電気に乗り換えたとか。そして、その後も毎日、数百の新規加入があるという。有名な環境保護団体ＢＵＮＤは、この動きを〝非道徳的でスキャンダラス〟と非難したが、顧客の中には、２００５年までイギリスのグリーンピースの事務局長だったスティーブン・ティンデールが含まれており、彼は、「火力の代替には原子力も入る」と述べたというから興味深い。大きな声は上げないが、「CO_2を出さないから火力よりは原発のほうが良い」と思う人たちが、ひょっとするとドイツにも相当数いるのかもしれない。

ちなみに、現在、マックスエネルギー社は、スイスから原発の電気を買っている。100%原発の電気として売るには、売った分の量だけ、原発の電気をドイツの系統に入れる義務があるためだ。ただ、誤解の無いようにいっておくが、コンセントから出てくる電気は、どの販売会社からどんなミックスの電気を買おうが同じものだ。電源と価格の違いは、すべて会社間の帳簿上のやりとりによる。

第6章 「再エネ先進国」を見習えない理由

ノルウェーの電気はほぼすべて水力

再エネ電気は、発電量が安定しないので、そのしわ取りに手間暇がかかるということはすでに書いた。そして、その不安定さゆえに、ベースロード電源にはなりえないので、再エネで先進工業国の電気を100％賄うことは、ほぼ不可能だということも書いた。

しかし、例外はある。たとえば、ノルウェー。この国は第1次エネルギーの自給率が先進国では1位で572％（2013年・出典IEA）。アメリカは85％、イギリスは57・5％、フランスが53・9％、ドイツが38・3％、そして、日本は6％だ。日本はOECD34カ国のうち、2番目に低い。ノルウェーは、ガスと石油をふんだんに持っている。

＊追記　日本の1次エネルギーの自給率は、2016年には8・4％となった。要因は、原子力の再稼動と再エネの普及（原子力は国内産出の1次エネルギーとして計算される）。発電に関しては、ノルウェーは自国の電気のほぼ100％を水力で賄っている。それどころか、あまった電気は輸出している（これについては後述）。もっとも、原発がないわけではなく、実験炉を持ち、最先端の原子力の研究にはちゃんと力を入れている。

ノルウェーは国土の広さは日本とほぼ同じだが、その80％が森林か山か湖なので、人間が住むには適さないが、どのみち人間はたったの470万人しかいない。その代わり、水力発電に利用できる土地と水源なら十分すぎるほどある。まさに水力発電のためにあるような国だ。しかも水力発電は、太陽光や風力と違って、いつでも停めたり、動かしたり自由自在にできるから大変心強い。

寒い国なので、特に冬の電力需要は高く、一人あたり電力消費量はアイスランドに次いで、世界2位（2011年・出典世銀）。安い電力がふんだんにあるため、電気を多く使う産業に力を入れている。日本の電力需要はというと、省エネ技術が進んでいるため、1人あたりの消費は世界22位と、アメリカやオーストラリアはもちろん、韓国や台湾よりも少ない。ドイツも省エネは進んでおり、24位と、日本よりもまだ少ない。寒い国なので冬の電力消費は多いが、夏の冷房がないことが、日本を抜いている理由だろう。

デンマークの発電に再エネ率が高いカラクリ

デンマークは名だたる再エネ先進国だ。風力が30％、バイオマスが15％と、再エネ電気の割合がすでに大きい。ノルウェーの水力発電100％は、地理的な制約が多いので、他の国のお手本にはなりにくいが、デンマークの発電は風力が多いため、常に素晴らしいお手本として引き合いに出される。

ただ、デンマークにできることが、他の国でもできると思ってはいけない。風力電気を活用するためには、天候による変動を調整するための電源が必要だということはすでに書いたが、そのいわゆるしわ取りのためのバックアップの電気を、デンマークは自前で用意していない。

たとえば、バイオマス発電は盛んだが、これは小規模であることに加えて、熱と電気を合わせて供給するコジェネが多い。コジェネというのは〝熱と電気を一緒に作る〟ことだ。

普通の発電設備で化石燃料を使って発電するとき、燃料の持つエネルギーのすべてが電気になるわけではなく、通常30～60％程度が電気になる。残りのエネルギーは熱として捨てられてしまう。発電タービンを回したあとの蒸気やガスの持つエネルギーだ。

それはバイオマス発電も同様で、コジェネを行う場合は、バイオ燃料をボイラーで燃やして出て来る蒸気でタービンを回し発電するだけでなく、排熱でお湯を沸かして暖房などに利用するのである。つまりお湯のタンクを備えておけば排熱も利用できるわけで、これでドイツでも多くの自治体が地域暖房を賄っている。

コジェネのメリットは、燃料の持つエネルギーの利用率が上がるところにある。発電に利用できるエネルギーはコジェネでないものより低く35％であっても、熱として利用できるエネルギーが別に35％あれば合計で70％のエネルギー利用効率になるからだ。

しかし、ここで注意を要するのは、コジェネは、熱と電気ともに同じような需要があるところでしか効果を発揮できないということだ。熱の輸送、つまり、蒸気や温水の輸送は長距離では難しい。だからドイツでも、コジェネは小さな自治体で、温水利用と電気利用が一致しているところで多く使われている。また、工場でのコジェネ利用も、紙パルプ業界のような熱利用の多いところでは可能だ。

しかし、都市生活のようなもっぱら電気利用が多いところでは、電気需要に合わせれば熱が多くなりすぎ、熱需要に合わせれば電気が足りなくなるので、利用が難しい。ましてや、コジェネは熱の需要に合わせて運転するのが経済的だ。

というわけで、デンマークではバイオマスをコジェネに使ってはいるが、風力電気のしわ取りをしているわけではない。

また、まだデンマークの電源の半分近くを占めている石炭火力も、出力を大きく変えることは苦手なので、しわ取りには不向きらしい。出力をしょっちゅう小まめに変えるためにはガス火力が便利だが、そのために発電所を造り、バックアップのためだけに待機させておくのは経済的に無駄が多い。

そこで、デンマークではどうしているかというと、もっぱら隣国のノルウェーとスウェーデンとの共同作業となる。

つまり、夜間など、需要が少ない時間帯には、あまった風力電気をノルウェーやスウェーデンに安く売る。ノルウェーやスウェーデンでは、その分だけ自国の水力発電を止めればよいだけなので、なんのコストも掛けずデンマークの余剰電力を受け入れることができる。

反対にデンマークは、昼間の不足時間帯には、ノルウェーやスウェーデンから水力電気を買っている。これがかなり高い電気だとしても、自分たちでバックアップのための発電所をたくさん待機させておくよりは割安だ。しかも、自分たちは脱原発を唱えておきながら、他国の原発の電気を買うとなると、信条に反するが、水力電気なら問題はない。CO_2を増やさないという観点から、道理にも合う。

そのため、現在、デンマークの電気料金は、EUで（おそらく世界でも）一番高い。電気にかかっている税金も高い。ただ、デンマークは1人あたりのGDPが世界6位で、日本の1・5倍以上という豊かな国だ。物価全体が高い。国民には、高い電気代も吸収できるだけの経済力がある。

再エネで一国を賄うには幸福な環境が必要

いずれにしても、デンマークが再エネの模範国となっているのは、デンマークの周辺にノルウェーやスウェーデンという水力発電の国があり、WIN－WINの関係が築ける条件があるからだ。

デンマークが大幅な再エネ利用に成功している理由は、他にもある。国の規模が小さく、全体の電力の需要と供給の規模が、四国電力程度しかないことだ。つまり、しわ取りの規模も小さい。

それに比べて、ドイツは、不足時の電気を売ってくれる国はあるものの、現在、輸入している電気の約半分は、フランスのものだ。フランスのエネルギーミックスは、原発の割合が70％を超える。ドイツはそれをいわれるとちょっと肩身が狭いだろう。

なお、ドイツは国の規模も、産業の規模も、デンマークよりははるかに大きい。結局、産業国ドイツにとって、デンマークのエネルギー政策は、真似をしたくともなかなかできない。日本も、大幅な再エネの導入は、地産地消ができるところ、それも、晴耕雨読が許されるような小規模なサークルの中では活用できるかもしれないが、これを国の主要電源にすることは、今のところ絶対に無理だろう。それが可能になるには、大規模で、採算の取れる蓄電技術の確立を待つしかない。

第7章　原発はどれだけ怖いのか？

目に見えない有害かもしれないものへの恐怖

ドイツ人とは倫理の好きな民だ。自分たちが倫理的に正しいことをしていると信じているときが一番幸せで、そのために清貧の生活を強いられるかもしれないと想像するなら、感動はいや増す。そこはかとなく悲壮感が漂えばさらに良い。

ドイツ人の倫理は自然志向に直結する。エコロジー運動はすでに第一次世界大戦前からあり、まさに筋金入りだ。ワンダーフォーゲルは、ドイツの自然回帰運動の一つだった。彼らは森を愛し、犬を愛し、大地を愛する。物質文明から遠ざかり、自然と一体になることを漠然と夢見ている。この自然志向は、彼らの心の中に潜むロマンチシズムともきれいに重なる。

ドイツ人の特徴は、まだある。彼らは極端に怖がる。何を怖がるかというと、有害かもしれない目に見えないものだ。たとえば、電子レンジのマイクロ波、ケータイ電話の電波、抗生物質、ダイオキシン、閉め切った部屋の空気……。ドイツ人は、極寒の季節でもしょっちゅう窓を開けて空気を入れ替える。そして、彼らのキッチンでは、いまだ電子レンジがスタンダード装備とはならない。

倫理への希求、自然への憧れ、ロマンチックな精神構造、そして抜きがたい恐怖心、その一方で、現実的で明晰な頭脳。ドイツ人は複雑だ。ときにそれらがぶつかって、不協和音が鳴り出す。不協和音が高まると、パニックが起こる。

2011年3月、福島第一原発の事故のあと、そのパニックが起こった。福島から9000キロ離れたドイツで、ガイガーカウンターが売れた。福島発の放射能がドイツにいる彼らの健康に被害を与えることを本気で心配した人たちがいたのだ。

ドイツ人が放射能を忌み嫌うのは偶然ではない。原子力には倫理がないと彼らは考える。原子力は、美しい自然の対極に位置する悪魔の産物だ。そして何より、それは人間が作った目に見えない災厄である。

自然界の放射線は良い放射線？

自然界には、放射線や放射性物質が存在する。なぜか？　ここからすでに素人にはわかりにくい話になるが、素人の私が敢えて書く。

宇宙ができたのは、137億年前。最初は、それは一つの点だった。それがビッグバンという大爆発を起こして、超高温、超高密度の火の玉になったのが、宇宙の最初の姿だそうだ。それがどんどん膨張して、現在の冷たくて暗い、空疎で広大な空間、つまり銀河系となっている。この宇宙は今でも膨張を続けている。

宇宙ができる経過において、いろいろな元素が作られた。その中には放射線を出す放射性元素もあった。これが自然放射能のもとのひとつとなっていて、当然、地球を作る物質の中にも含まれている。また、宇宙空間からは地球へ「宇宙線」と呼ばれる放射線が降り注いでいる。その源は太陽の活動や、太陽系外で星が終末を迎えるときに起こる劇的な現象「超新星爆発」などにあるといわれている。

つまり、地球には放射線が常に飛び交っている。とはいえ、地球の生物は放射線が飛び交っている中で生まれ、そこで進化してきたので、放射線に対する耐性を持っている。この自然放射線と、医療用の放射線や原発から放出される人工の放射線は、物理的には同じものだ。

飛行機で浴びる放射線は地上の100倍

宇宙から放射されている放射線を一番多く受けるのは、長距離飛行などで高所を飛んでいるときだ。時間あたりにして、地表にいるときの標準的な量の100倍、宇宙からの放射線を浴びるといわれている。宇宙飛行士なら、もっとたくさん浴びる。3000メートル級の山に登って、頂上で気分良くいい空気を吸っているときでも、海岸の4倍の宇宙からの放射線を浴びているという。

では、それはどれくらいの量か？　さて、ここで素人はまた、わからなくなる。放射線・放射能を測る単位として良く使われるものに、「シーベルト」と「ベクレル」がある。福島の事故以来、今日まで、日本人が口角泡を飛ばして議論しているのが、福島の被曝許容量だが、これはシーベルト。では、ベクレルとは何か？

ベクレルというのは、放射線を発する能力を表す単位で、1秒間に何個の原子核が崩壊して放射線を出すかを表す。一方、発せられた放射線で人体が受ける線量を表す単位がシーベルトだ。わかりやすいのは、たき火と、その近辺にいる人間。たき火の火の強さを表すのがベクレル。その影響で人間がどれだけ暖まったかがシーベルト。

ベクレルが大きくても、たき火から遠くにいれば、人間は暖まらない（被曝量が少ない）。反対に、たき火の近くにいれば熱い（被曝量が多い）。つまり、影響が大きい。それどころか、たき火の中に火炎瓶が投げ込まれて、一瞬のうちに凄い火力が発生すると、焼け死んでしまうかもしれない。一方、火が弱いなら、ずっとそばにいても、たいして暖かくならない。つまり、遠くにいるのと同じで、ほとんど影響を受けない。

宇宙からの放射線が何ベクレルかというのはいえない。何しろ、太陽や宇宙の彼方のいろいろな方向からいろいろな原因で飛んでくるのが宇宙線だからだ。しかし、影響の方は測れる。宇宙から受ける放射線量は、１人年間０・３８ミリシーベルトだ（世界平均値、以下同様）。

もっとも、私たちが日常的に接している放射能は、宇宙からのものだけではない。地球ができたとき、その素材の中に多くの放射性物質が存在した。それら放射性物質が今もどんどん崩壊し続けていて、地中から放射性物質を発散している。

大地からの放射能の重要なものは、カリウムの放射性同位体、ウラン、また、ウランが崩壊してできるラドン、そして、特定の地域ではトリウムもある。花崗石１キログラム中のこれらの物質による放射能力は１０００ベクレル。ウランだけでも地殻中には０・０００１８％存在しているのだそうだ。良くわからないが、ウランは地球が滅びるまでは十分あるのだろう。そして、私たちがそれらから受ける線量が、１人年間0・46ミリシーベルト。

食べ物や空気にも、自然の放射能は含まれている

大地の放射能は、水や植物や動物を通じて、食物にも入り込む。汚染ではなく、自然の状態で食物の中に入り込む放射能という意味だ。一番多いのが放射性カリウムだ。カリウムは人間が生きていくために欠かせぬものであるが、その中には微量の放射性カリウムが含まれる。カリウムは肉やバナナや生姜にも入っている。食べ物の場合、1キロあたり何ベクレルと表す。

放射性物質というのは、常に崩壊している。前述のように、崩壊の過程で放射線が出るわけだ。つまり、私たちが食べた放射性物質も、平均的な生活をしていれば、身体の中で引き続き崩壊していく。これら体内の放射性物質は大人1人につき7000ベクレル程度で、それによる被曝が年間0・24ミリシーベルトになるという。

さらに、空気中にも放射能はある。ラドン222は放射性の希ガスで、半減期が3・8日。これが実に、世界中のどこにでも漂っている。

ラドンはウランからできる。ウランはたいてい地中にあるが、それが崩壊してラジ

ウム２２６になり、さらにラジウム２２６が崩壊してラドン２２２になる。土壌中ガスのラドン濃度は1立方メートルあたり４０００～4万ベクレルの範囲にある。

このラドン２２２は動きが活発で、大気中に出ていっては、地表のあたりに浮遊したり、家の中に入り込んだりする。普通の家にはラドンが溜まっていて、その濃度は外に比べて5倍増だそうだ。地下室など、下の方はさらに多く溜まる傾向がある。また、雨の日には、空気中のラドンが水滴と一緒に地面に落ちて、地表の放射能が高くなる。ドイツ人がしょっちゅう窓を開けて換気するのは、ラドンのせいかもしれない。

大気中のラドンの濃度は、場所や環境によって大きく違うが、たいていは1立方メートルあたり10～１００ベクレルで、それによる被曝を世界平均すると、1人1年1・3ミリシーベルト。いずれにしても確かなことは、呼吸をすれば、私たちの気管を通じて、ラドンが身体の中に入ってくるということだ。ちなみに、日本では各地にラドン温泉というのもある。

以上の宇宙、大地、大気に含まれる自然放射能と、食物から入る放射能を合計すると、1人が1年に浴びている放射線量は、世界の平均で約２・４ミリシーベルトだそうだ。日本はやや少なく、２・１ミリシーベルト。しかし、場所によっては、とても多いところがある。たとえば、北欧は軒並み高く、日本の倍以上。なぜかアルバニアは北欧よりももっと高い。

医療被曝の多い世界一の長寿命国

一番興味深いのは、医学の治療や検査用の放射線だ。日本は、医療被曝が世界最高レベルで、1人1年平均3・87ミリシーベルトもある。健康診断が多いからだ。私が学校に通っていたころは、集団レントゲンもあったが、今でもやっているのだろうか。ドイツではありえない習慣だ。

そもそも世界のCTスキャンの機械の3分の1が日本にある。人口あたりの数では、アメリカの3倍だ。日本のがん患者は検査被曝の犠牲者だという非難もあったが、それは違う。高い医療被曝と二人三脚で日本人の寿命は世界一になったのである。

原発に反対する人たちが一番の理由にするのは、放射能の危険だ。そして、彼らのほぼ100%が再エネ派なのだが、私は、再エネと原発は、必ずしも対極に位置する必要はないと思っている。両方を安全に使いながら、豊かで健康な日本を維持していこうと考えても、おかしくはないはずだ。

一方、太陽光や風力といった再エネが将来のエネルギーであることは間違いない。

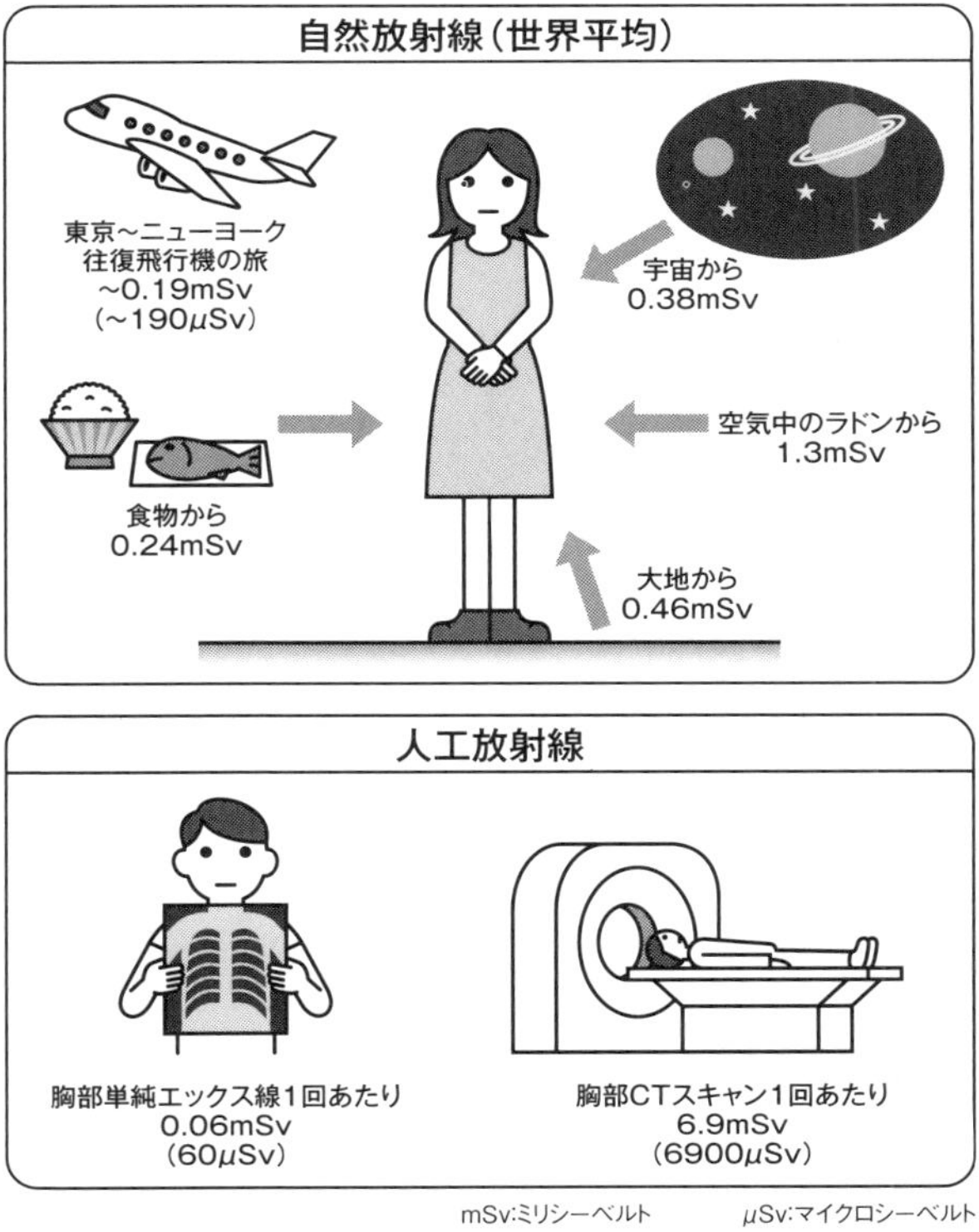

図表７－１　環境からの放射線被曝。世界平均１人あたりの１年間の自然放射線は合計2.４ミリシーベルトとなる。（出典：環境省　放射線による健康影響等に関する統一的な基礎資料　平成25年度版）

これは時代の趨勢ともいえる。なるべく早く、採算の取れるような蓄電法が開発されれば、それに越したことはない。しかし、原発を今すぐ止めなければいけない理由は何もない。

エネルギーのような国の根幹に位置する産業は、国益と良く照らし合わせてその方針を決めるべきだ。原発を使うメリット、デメリット。使うなら、何が危険で、何が危険でないのか。そして、放射能とは何か、それらをちゃんと見極めなければならない。

子供のころ、「今日は雨にあたると、ハゲになる」というようなことを、ときどき聞いた。中国が初の核実験をしたのは、ちょうど東京オリンピックで日本人がテレビの前にかじりついていたときだった。日本国民にとっては寝耳に水、中国にとっては、これ以上ない絶好のタイミングだった。

以後、中国は公式発表しただけでも、46回の核実験をしている。核実験は桜蘭遺跡の周辺で1996年まで続いた。放射能の総量はチェルノブイリの被害の500万倍。放射能は、500ミリシーベルト浴びると、急性放射線症の症状が現れ、5000ミリシーベルトで半数が死亡する。7000ミリシーベルト浴びると100%死ぬ。ウイグル族からは19万人もの急性死亡者が出たという。日本は高度成長期で、お隣でそ

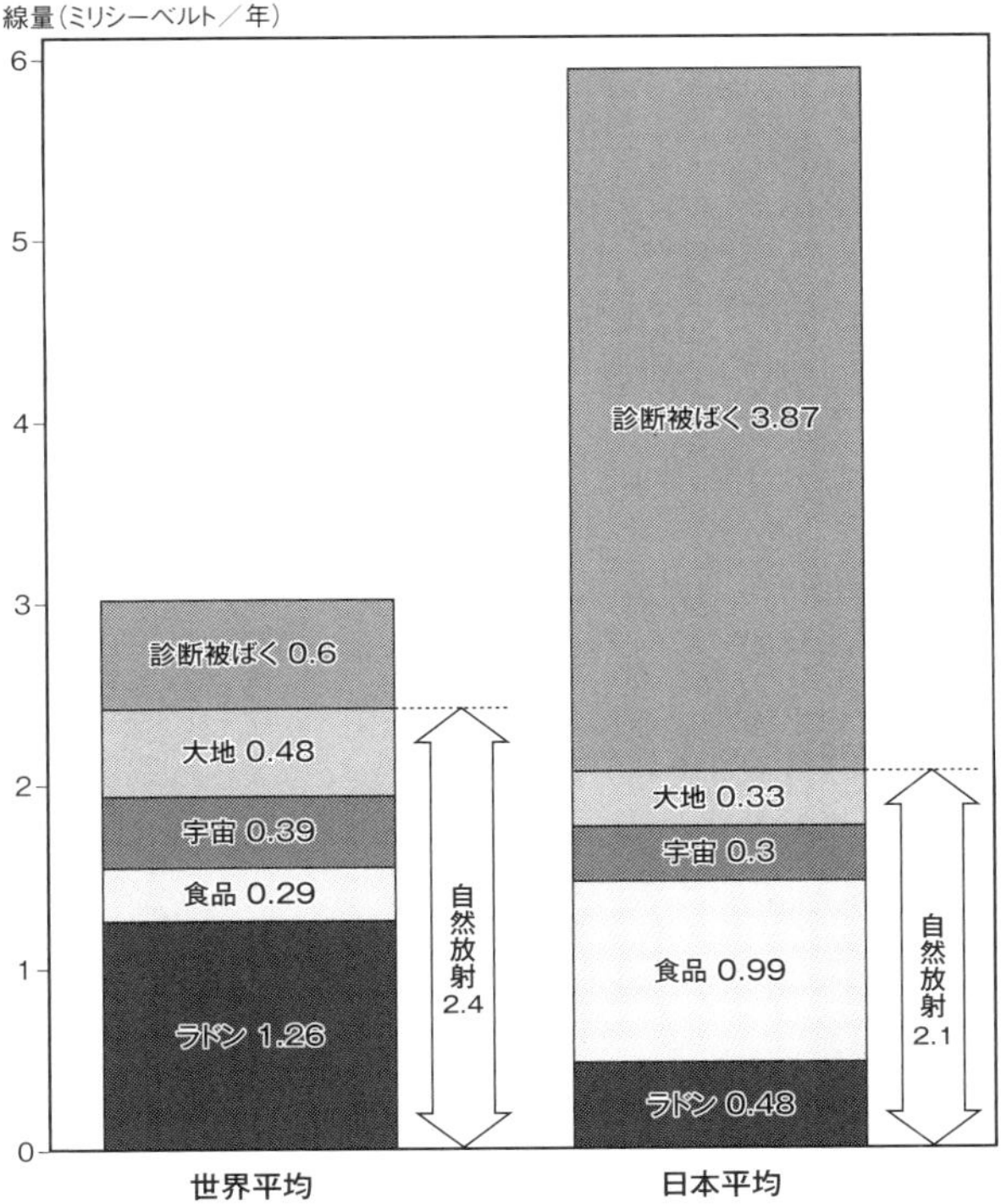

図表７－２　日常生活における被曝。日本人の医療被曝（診断被曝）と世界平均を比較した。世界平均値の詳細が図表７－１のものと異なるのは、調査元資料のちがいによる。（出典：環境省　放射線による健康影響等に関する統一的な基礎資料　平成25年度版）

んなことが起こっていた割にはずいぶん呑気だった。

１９９８年、この中国の核実験をテーマにしたテレビのドキュメンタリーがイギリスで作られ（『Death on the Silk Road』）、83カ国で放送された上、その翌年、優れた報道番組に与えられるローリー・ペック賞が授与された。しかし、日本では放映されなかった。

それとは裏腹に、アメリカの核実験についてはちゃんと報道される。有名なビキニ環礁での被曝、第五福竜丸の件も、反核運動を盛んにするきっかけとなった。札幌医科大学教授の高田純氏（放射能防護学）は、死亡した船員の死因は、輸血に使った血液が汚染されていたための肝炎であったと主張しているが、一般に知られている方の死因は水爆実験の際の放射能の被曝だ。

ただ、第五福竜丸が被曝したとき、近くで操業していた日本の漁船は約９００隻いたという。したがって、数千人もの漁師たち、そして、マーシャル諸島の住民も被曝している。しかし、そこから被曝後半年以内の死亡者は出ていない。

なぜ、ウイグルでは急性死亡者が出て、マーシャル諸島では出なかったのか。

また、チェルノブイリではがんの子供が出たが、福島では出ない。

放射能というのは、どの程度危険で、また、どういうときに危険になるのだろうか。

チェルノブイリでも因果関係が認められるのは甲状腺がんだけ

２０１１年、福島第一の事故のあと、日経ビジネス・オンラインが、アメリカのロバート・ゲール氏のインタビューを載せた。ゲール氏は、チェルノブイリ原発事故でアメリカの医療チームのリーダーとして被曝治療に携わった他、ＪＣＯ東海村臨界事故でも救命活動に従事した医師だ。

彼によれば、チェルノブイリで、原発事故と病気の因果関係を説明できるのは、甲状腺がんだけだそうだ。当時、10万人が避難しており、６０００人が甲状腺がんになった。原因は食物、特に牛乳の摂取だったこともあり、患者のほとんどが16歳以下の子供だった。６０００人のうち、15人の子供が亡くなった。

なぜ、そんなことになったかというと、爆発により広範囲で飛散した放射性の「ヨウ素１３１」が牧草を汚染し、その牧草を食べた牛のミルクから高濃度のヨウ素１３１が出た。ヨウ素１３１は、甲状腺に入り込んでがんを誘発する。ただ、身体の中にすでにヨウ素がたっぷりあると、身体はそれ以上のヨウ素は取り込めない。つまり、ヨウ素１３１が拡散しても、その前、あるいは直後に安定ヨウ素剤を服用して、ヨウ素の摂取許容量を満杯にしておけば、予防できる可能性は高い。

しかし、当時のソ連では、事件が隠され、あるいは、物流システムの不備で、子供たちは汚染された牛乳を長いあいだ知らずに飲み続けた。それに比べて日本では、基準を超えた汚染のあった牛乳も食料品も、直ちに出荷が停止された。しかもヨウ素に限っていえば、日本人は普段から海藻などヨウ素の摂取量が多い食生活を送っている。よって、「チェルノブイリのような大規模な被害になるとは考えられません」と、すでに当時、ゲール氏は予測していた。そして、それは事実となった。

さらに氏はこうも述べている。

「チェルノブイリと今回の根本的な違いには、原子炉の種類の違いがあります。チェルノブイリでは、原子炉の外側にある、放射線の最終的な漏れを防ぐ格納容器がなかった」

福島原発事故では、原子炉から漏れ出た水素ガスの爆発で建物が壊れたが、原子炉そのものが爆発したわけではない。「現状、放射性物質のほとんどが格納容器に収まっている福島とは状況がまったく異なり、これから健康被害が出るとしても、チェルノブイリに比べてはるかに小さいと思います」

さらに、チェルノブイリでも、甲状腺以外のがんについては、「正直にいってはっきりした因果関係は証明することは難しい」という。「白血病の発病者が増えているという結果もない。もちろん、30年から40年の長い目で見れば結果は変わってくるという指摘もありますが、被曝以外にも、（がんの発症があったとしても）喫煙などさまざまな要因があり一概にはいえません。現在、福島第一原発から出ている放射線の値でいえば、喫煙による発がんリスクの方がはるかに高い」

あれから4年、福島の健康被害については、今では詳しく調べられている。それによると、甲状腺被曝はチェルノブイリに比べて二桁も小さい。

チェルノブイリでさえ、子供の甲状腺がん以外の健康への影響は、事故から30年近く経った今も認められていないのだから、福島では、甲状腺がんについても、その他の疾病についても、ほとんど心配する必要がないといえる。

自然放射線が異常に高い米デンバーでも発がん率に差はない

ゲール氏の話でさらに面白いのは、次の話。

「放射性物質には半減期もあります。ヨウ素131の場合は8日で半減する。ヨウ素131が検出された水道水をコップに入れておけば、1カ月後にはほとんど問題なく飲めるということです」

「ほうれん草やミルクも同じです。ほうれん草ならば冷凍して何十日か置いておけばいいでしょう。ミルクも捨てずにチーズにさせて長期間熟成させたり、粉ミルクにするなど、時間をおけば問題なく食べることができます」

つまり、「慌ててすべて捨てる必要は本来はない」そうだが、そういわれても、意外すぎて、なんとなく怖い（?）。

「重要なのは、私たちは日常的に放射線を浴びていることをきちんと理解することです。米国のコロラド州デンバーに住んでいる人はニューヨークに住んでいる人の6倍の放射線を浴びているが、発がん率に差はない。一般論としては、浴びる放射線を減らすことが重要だが、一方で日常的に浴びているという事実をきっちり認識すること。過剰に反応しないことは大事です」

自然放射能の値が異常に高いデンバーについては、『エネルギー問題入門』の著者、カリフォルニア大学バークレー校の物理学教授、リチャード・ムラー氏も言及している。現地の花崗岩に含まれる微量のウランから放出されるラドンガスのために、自然放射能の値が特に高くなっている。

彼曰く、福島報道の中で「とりわけ奇妙に感じられたのは、デンバーの一部の新聞が、はるか太平洋のかなたの福島から流れてくる放射能雲について警告していたことです。観測された放射能雲の測定値はマイクロシーベルト単位——この地域の過剰な自然放射能の1000分の1——でしたが、これに対して当地の新聞は注意をうながしていたのです」。氏は、この現象を、原子炉の放射能は「自然」の放射能よりも危険だという迷信から生まれたか、あるいは、自分たちがずっと前から自然放射能に満ちた世界で生きていることを、ほとんどの人が知らないからのどちらかだろうといっている。

原発に関する怖い数字はどこから出てくるか？

ドイツでも日本でも、とにかく怖いことがたくさん報道される。実際、〝原発は危険だ、放射能は恐ろしい〟と書く方が、ニュース・ヴァリューは高くなる。「やっぱり、そうだ」と、国民が真実を知ったような気になる。国民は、疑り深い。その反対に、〝いわれているほど危険ではない〟と書かれていると、何かを隠しているとか、どこか他に意図があるなどと勘ぐるのが、人間の癖だ。

しかし、敢えていうなら、原発の危険を説く人たちの中にも、自分たちの利益のために、国民の意見をある方向に誘導しようと思っている人がいないとはいえない。本来なら、それも疑ってかからなくては、片手落ちではないか。

福島県では、2012年より県内産のお米の全袋検査を行っているそうだ。失った信用を取り戻すための措置で、対象は1年間で1000万袋以上。検査法定基準は、1キログラムあたり100ベクレルを超えてはいけないということだが、その基準値を超えたものは、2012年度生産分で71袋、2013年度生産分で28袋。2014年度生産分については、2014年度末時点で0袋。しかも、これは玄米の段階の検査の結果で、実際に精米し、ぬかを落とし、炊く前に洗うと、もしも検査に引っ掛からないほどの微小の放射能があったとしても、それは食べる時点でほぼゼロに等しくなるはずだ。

普通、この結果を聞き、冷静な頭で考えれば、福島のお米は安全という結論に達して不思議はない。しかし、こと放射能となると、安全を主張する説明に対して、「無責任だ」とか、「私たちがどうなってもいいのか」というふうにヒステリックに反応する傾向が強い。

だから、福島のお米はすべて避けた方が無難と主張する人がいる。福島産の野菜を売っているのは犯罪だといった人も、私は知っている。1000万袋の検査には、莫大な金額と時間がかけられただろうに、真実を伝えるためには、何の役にも立たなかったのだ。

再び、『エネルギー問題入門』からの抜粋。福島事故での推定死亡者数についてである。「有名な原子力専門家ディック・ガーウィンが示した（中略）死亡者数の最良推定値は、約１５００人（中略）。ガーウィンの推定は、放射能の遮蔽も除染も行われず、残留放射能による被害が70年先まで続き、なおかつ福島の人口が変わらなかったと仮定したものでした。しかも、デンバー線量に関する議論は無視し、わずかな線量でもその量に比例して危険があると仮定して、ごく微量の線量から予想される死者の数まで計算に入れています」。こういうかなり大きめに見積もられた推定値が、計算の前提を確認されないまま、一人歩きしている。

怖い数字や怖いデータを検証してみると……

２０１４年10月27日、エネルギー・コレクティブ（The Energy Collective）という機関のホームページに、あるイギリス人の論文が載った。テーマは、「反原発の環境主義者たちが、いかにジャンクな資料を使っているか」というもので、反原発グループが原発を攻撃するときに使うデータや数字の杜撰《ずさん》さを詳しく分析している。筆者ロバート・ウィルソン氏は、スコットランド・グラスゴーのストラックライド大学で「数学的エコロジー」を専攻する大学院生（博士課程）だ。この大学は、特にビジネススクールや理工系学部は世界的に高い評価を受けているとのこと。

内容をかいつまんでいうと……。

環境団体の多くが、原子力発電は実は非常に「高くつく」と主張している。原発の事故のリスクを勘定に入れて保険をかけるとすれば、本当は発電コストはずっと高くなるのだが、現在の発電コストにはその分は含まれておらずリスクを反映していない、というのだ。その根拠となる数字の一例を、ドイツの保険数理会社Versicherungsforenがレポートにまとめているのだが、このレポートはグリーンピースなどの環境団体からの資金支援により作成されたものだ。それによれば原発による発電1ワット時あたり0・139～2・36ユーロ（約18・5～313・5円）の保険料が必要だという。この保険料は、多くの国で電力卸売価格の2倍以上に相当するので、これが本当なら原発は完全に成り立たなくなる。

しかし、これがまったくばかげた数字であることは簡単な計算からわかる。保険料が、想定される最も安い1キロワット時あたり0・139ユーロだとしても、世界中で年間に原発で発電される電力は2500テラワット時（2兆5000億キロワット時）

なので、年間の保険料の総計は３５００億ユーロ（46・5兆円）にもなる。一方、福島原発の事故の被害によるコストは、グリーンピース自身が見積もった過大と思える金額でさえ、２０００億ユーロ（26・6兆円）である。ということは、この保険料は、福島原発事故クラスの事故が毎年世界のどこかで１つずつのペースで起こらなければ、正当化できない。さらに、最も高い見積りである１キロワット時あたり２・３６ユーロの保険料がかかるとすると、世界中の原発が支払うべき保険料は５・９兆ユーロ（７８４兆円）にもなり、日本のＧＤＰを超えてしまう。

ロバート・ウィルソン氏は、このばかげた数字がどうして生まれたのかも、探究している。Versicherungsforen のレポートは１００ページあまりあり、真面目さを装うには十分で、誰も読みたくならない程度に長い。だがそれを読むと、たとえば原発テロの危険を過大に見積もっていることがわかる。テロリストにしてみれば原発以外にもっと手ごろな標的があるので、原発テロが起こる確率はそう大きくないと考えられる。原発テロはこれまで起きたことがなく、計画が察知されたこともない。テロは自然災害でも偶然起こる事故でもなく、人間の計画によって起こるものなので、確率を見積もるのは非常に難しい。

このレポートはこのことを文書の中で率直に認め、「テロリストが原発を襲う確率を見積もるのは不可能だ」としているが、その上で、「確率は原発1基につき1年間で1000分の1」と数字を置いているのである。

この原発1つあたり1年間で1000分の1という確率が、あまりに高すぎる見積りであることもまた、簡単な計算からすぐにわかるのだという。この確率が正しいと仮定して計算してみると、

・一般的な原発がその運転寿命のうちにテロに遭う確率は4%
・世界中にある435基の原発のうち1つ以上が1年間のうちにテロに遭う確率は40%
・過去20年の間に1つ以上の原発テロが起きた確率は約99・9%

つまり、原発テロは2年に1度程度の頻度で起きていなければならない計算になる。これはまったく現実にあっていない。このようないい加減な根拠による数字が一人歩きして使われているので、根拠の確認が必要であることをウィルソン氏は指摘している。

ドイツの放射線防護庁は何をいっているか?

怖いデータが巷に行き届いているのは、ドイツでも同様だ。原発周辺のがんの危険性を警告するメディアもある。反原発グループのホームページには、原発の周辺で、特に幼児ががんにかかる確率が高いことが明らかになったという調査結果のレポートが発表されたり、原子炉の５キロメートル以内の地区で37人の子供が白血病にかかっている事実をつきとめたなどとする記事もある。そして、よりによって、このような記事を見つけ出しては、日本の反原発グループが引用するケースも多い。

ドイツで、あらゆる放射線と、その防護について総括して担当しているのが、放射線防護庁だ。１９８９年11月、つまり、ベルリンの壁がなくなった月に作られた庁で、環境省に属している。

ここから出る情報は、十分に信頼に値する情報であると、ほとんどの人は信じているし、私も信じている。そこで、同庁が何をいっているのかと、資料を取り寄せてみた。同庁は、市民向けの多くのわかりやすい資料を、印刷物とＰＤＦ両方で提供している。

私が取り寄せたのは、資料集の第４部「放射線・放射線防護」で、まえがきによれば、一番需要の多い資料だそうだ。その冒頭に、「我々の目的は、人間が現状況で、どんな放射線にさらされているか、つまり、どのような自然放射線と、どのような人工放射線があるのか、我々は何を知るべきか、そして、どういうふうに自分たちを守るべきかということについて、簡潔にして要を得た情報を提供することだ」と書いてある。

読んでみると、放射線のことが、一から説明してある。内容は3つに分かれていて、最初が「自然放射線と人工放射線に囲まれた人間」、次が「電離放射線」、そして、最後が「非電離放射線」となっている。

「電離放射線」の項では、放射能とは何か、放射線とは何か、その測定、線量についての説明、放射線が人間に与える影響、放射線の科学的利用などが、わかりやすく説明されている。そして、「非電離放射線」の項では、低周波の電磁波、ラジオウェーブ、マイクロウェーブが取り上げられている。同時に、日常的に存在する高周波の磁場、その上限値や予防措置などについての知識。最後には、紫外線の説明もあった。

しかし、どう見ても、放射線が何が何でも危険であるというようなことは書いていない。説明は、終始一貫、私がこの章で最初から述べてきたことと一致している。

東京で放射線量が高いのは銀座か都庁か?

福島第一の事故のあと、放射能値が常に話題になる。２０１２年、福島に取材にいったときは、とにかくどこにでも、今日の放射能値という掲示板があった。その数字が10上がろうが、下がろうが、それが意味するところなど誰にもわからない。本当に危険ならば、警告して避難を促せばいいが、そうでないなら、知りたい人だけが見られるようなシステムの方が良いのではないかと思った。息は吸わなければいけないのだから、掲示板は無意味だ。あの数字には、気味悪さだけが漂っていた。こんな雰囲気の中で子供を育てなければいけないお母さんは気の毒だと本気で思った。あれでは、心が病気になってしまう。

東京で放射線量が高いところはいくつかあるが、銀座もその一つだそうだ。なぜかというと、高級な建物がある場所には、高級な天然石があるからだ。高級な天然石は、それなりに放射能を放っている。

朝日新聞の記事だが、「新都庁舎の周辺、自然放射線2倍、外壁みかげ石からか」というのがある。１９９１年、都庁が完成した年に、日本環境学会の研究発表会で報告されたものだ。「健康に直接的な影響が及ぶ心配はないというが、自然に受ける放射線の被曝もできるだけ低く抑えるべきだという議論も出ているおり、高級な石材使用がはやる最近のビル建設のあり方に一石を投じそうだ」と書いてある。

しかし、健康に被害がないなら、何が問題なのか。また、高級天然石を使うことを止め、自然放射能を微量減らして、何のメリットがあるのか。経費の節約以外に、メリットがあるとは思えない。

私たちの目を曇らせる一番の敵は、こういう非科学的な論調ではないか。前述の『エネルギー問題入門』の著者、リチャード・ムラー氏はいう。

「放射能に関する懸念については、デンバーの線量を基準として採用することをお勧めします。計画立案や災害対応に際しては、デンバーの住民が毎年自然放射能から被曝している過剰な線量（3ミリシーベルト）以下のレベルの放射能は一切無視するのです。（中略）そして、たとえデンバー線量の何倍もの放射能であっても、避難やその他の過剰な反応よりもずっと害が少ないかもしれないということも認識しておいてください」

気味が悪いとか、嫌いだという気持ちで、エネルギー問題を論じては、失われるものが大きすぎる。また、エネルギー問題を宗教や思想の枠の中に押し込めるのも無理がある。

エネルギー問題は複雑で、難しい。しかし、そこから逃げないことこそが、福島第一の事故の被災者に対する義務であろう。エネルギー問題は政治で、放射能は科学だ。

そして、そこから導き出される政策は、国家経済に多大な影響を与える。だからこそ、政策の決定には、すべてにおける冷静な視点が必要だ。

稚拙な政策や、非科学的な決定の悪影響を受けるのは、結局、われわれ国民だ。だからこそ、一人一人が勉強し、議論に参加し、フェアな再エネ開発と最善のエネルギーミックスを模索していくべきだと思う。私も、まだまだ勉強していくつもりだ。

第8章　ドイツの放射性廃棄物貯蔵問題はどうなっているか

低レベルの放射性廃棄物の正体とその処理方法

ドイツ人の心の中には、核廃棄物の問題がモンスターのように圧《の》し掛かっている。私も、つい最近まで、原発の最大の問題は廃棄物だと思っていた。今もドイツでは、核廃棄物はほとんど解決不可能な深刻な問題という位置づけだ。その処理がいかに難しく、それゆえ、いかに不完全になされているかという告発のニュースはしょっちゅう流れる。

原発を運転すると、必ず放射性の廃棄物が発生する。気体状、液体状、そして固体状の廃棄物だ。高レベルから、中・低レベルまである。

１３０万キロワットの原発からは、貯蔵できる状態に処理した低レベルの廃棄物が1年で50立方メートル出るそうだ（ＥｎＢＷのホームページより・以下同）。これには、使用済みの核燃料は含まれていない。

気体状の放射性廃棄物は、キセノンの放射性同位体を、活性炭などを詰めた管に通すことで、数十日かけて放射性物質濃度を減衰させる、または、フィルタを通すことで、濃度を限りなく低くしてから、高い排気塔から大気中に放出する。

液体状の廃棄物は、実験室や洗浄施設から出た液体で、これらも、フィルタで濾過したり、蒸留したりして放射性物質を取り除き、安全であることを確認したのち放出する。ドイツなら川に、日本なら海に流す。取り除いた放射性物質や蒸留によって濃縮した液体は、セメントやアスファルトなどで固めて、廃棄物貯蔵庫で保管する。

固体状の廃棄物は、メンテナンスや清掃で出るものが多い。フィルタや、清掃に使った布や用具、作業服、紙などだ。これらは焼却したり、圧縮したりして容積を減らした上で、ドラム缶などの専用の容器に詰めて、やはり貯蔵庫で保存する。これらはすべて、中、あるいは、低レベルの廃棄物だ。

一方、使用済みの燃料は、高レベルの放射性廃棄物だ。再使用のための処理をすれば廃棄物の量は減らせる。ドイツでは、以前は再処理のため、使用済みの核燃料はフランスかイギリスに出し、処理が終わると持って帰ってきていたが、現在は核を国外に持ち出すこと自体が法律で禁じられているため、そのまま貯蔵する。どのレベルのものも、廃坑になった岩塩や鉱山の坑道などを利用して地中深くに貯蔵している。

日本では、高レベルの放射性廃棄物は、貯蔵管理センターの頑丈な建物の中に造られたステンレス製の管に納められ、自然の風によって冷却されながら貯蔵されている。最終的には地層処分（３００メートル以深）が考えられているが、まだ場所が決まらない。その他のものは、汚染のレベルに応じて、地表に近いところ、あるいは、地下50メートルより深いところにコンクリートの箱を設置して、その中に、モルタルや粘土で固めて貯蔵している。そして、この「地中深くに貯蔵」という方法が安全か否かということについて、常に、意見が真っ二つに分かれているのである。

原発の解体で出る放射性でない廃棄物とは

放射性廃棄物が一番大量に出るのは、原発が廃炉になるときだ。ただ、原発の解体廃棄物のうち、大部分は放射性物質として扱う必要がなく、リサイクルして使える。

１１０万キロワット級の原発を廃炉にする場合、54万トンのコンクリートや金属の解体廃棄物が発生するという。そのうちの93％は、建屋など、放射性廃棄物でないもの、５％が放射性廃棄物として扱う必要のないもの（クリアランス対象・後述）、そして、約2％が低レベルの放射性廃棄物だ。

2番目の、放射性廃棄物として扱う必要のないものは、国の認可・確認を得て、普通の産業廃棄物として利用、あるいは処分できる。これをクリアランス制度といい（この制度はドイツにも日本にもある）、限られた資源をできるだけ有効に再利用することを目指している。

クリアランス制度の基準は、自然界から受ける放射線量の100分の1と定められている（年間0・01ミリシーベルトが目安）。この数字は、複数の影響が重なっても、健康被害は起こらない範囲であるとして、国際的に認められているものだ。

ドイツでは今までに、19基の原発と30基以上の研究用の原子炉の廃炉が、すでに終わったか、今、それをしている最中のどちらかだ（Deutsches Atomforum eV による）。原発は、スイッチを切って、使用済みの燃料を取り出したあとも、5年から7年は放射能の減るのを待たなければならない。そのあと、すべてを取り壊すまでに、さらに15年ぐらいかかる。ドイツの廃炉の経験は豊富だといえる。

＊追記　2011年以来止まったままになっている8基も、そのあと止めた2基も安全に廃炉していかなければならないし、現在まだ動いている7基も、22年にはすべて止め、その後、廃炉にかかる。

廃炉の際に多くの廃棄物が出る。しかし、そのほとんどは放射性廃棄物ではない。それは、建屋の中の監視地域にあった資材にも当てはまる。これらはクリアランスの検査を受けて、本当に危険なものだけを除き、あとは再利用、あるいは、再生利用に回されることになる。

原発からの廃棄物を過剰に「恐ろしいもの」とする傾向

ところが、日本では、再利用、再生利用がうまく回らない。それはドイツでも同様だが、原発で使われていた機材や資材の引き取り手は多くない。

ドイツで、核廃棄物について調べようと思ってグーグルの検索にかけると、冒頭に出てくるのは、ほとんどすべて環境保護団体のページだ。これらのページは、わかりやすく書かれているものが多い。子供用のものもある。ドイツの子供は、早いうちから原発と対決させられる。すでに書いたように、ドイツ社会は反原発だ。そして、教育界は特にその傾向が強い。

ただ、原子力に関して一応の知識を得た上でそういうページを読むと、科学的ではないと感じることは多い。たとえば、「プルトニウムやウランは、放射性物質です。

つまり、放射線を発生します。それは見ることも嗅ぐこともできません。しかし、我々にとって危険なものなのです」とか、「廃棄物は厳重な容器に入れて、まず、中間貯蔵施設に運び、ある一定期間保管します。そのあと、それがどこで保管されるかは、誰も知りません。なぜなら、我々人間は、核廃棄物について十分な経験がないからなのです。放射性廃棄物は、何百万年も放射線を発し続けます」というような書き方だ。これは、『GEO』という著名な科学雑誌の青少年版からの抜粋だ。これを読めば、誰もが怖くなる。こんな物騒なものは廃止にして当然だと思うだろう。しかし実際は、核廃棄物について人間はこれほど無知で、お手上げなわけではない。

ただ、科学的に反証しようと思うと、当たり前だが、科学の力を借りなければならない。すると、文章が難しくなる。それは、「放射性廃棄物は、何百万年も放射線を発し続けます。そのあと、それがどこで保管されるかは、誰も知りません」という文章ほどわかりやすくはならない。

しかし、たとえばフィンランドでは、世界初の最終処理所の建設が始まっているうえ、彼らは安全性にも自信を持っているようだ。10万年貯蔵するつもりらしいが、ドイツ人が呆気にとられるほど、住民の反発がない。すでに完成している貯蔵所では、子供たちのための見学コースまであるという。住民は皆、雇用が増えることや、生活レベルの向上を喜んでおり、市長は、「フィンランドの原発は安全だ。最終処理場もしかり。人々が放射能を怖がっていたのは30年前の話だ」と、元気にインタビューで答えていた。この差は、結局、科学的か否かということよりも、単にメンタリティーの差なのかもしれない。ということは、議論などどれだけしても無駄だということになるわけで、ちょっと脱力感に襲われる。

一方、今、ドイツでは、これまで核廃棄物がいい加減に扱われてきたと非難されても仕方がないような事件が、いくつも指摘され始めている。つまり、恐怖をさらにあおるような出来事だ。一番問題になっているのが、昔、地下に安全に貯蔵したはずの低・中レベルの廃棄物の現状だ。

放射能漏れが疑われるドイツの貯蔵施設

たとえば、ドイツの北部、ニーダーザクセン州のアッセという場所の岩塩の廃坑。第一次世界大戦前まで採掘されていたこの地下の巨大な廃坑跡に、１９６７年から78年の間、核廃棄物が大量に投げ込まれた。微量から中量の放射性物質を発生する廃棄物を入れたドラム缶が、現在、12万６０００個眠っている。しかも、ここには核廃棄物の他にも、殺虫剤、汚染された動物の死骸、ヒ素、鉛など、どこに捨てればいいかわからないさまざまな厄介物が持ち込まれていた。とはいえ、地下725メートルという場所であったため、市民の目に触れることも、話題になることもなく、30年以上が経過した。

ところが2008年、自然保護団体などにより、坑内が崩壊しかけている可能性が指摘された。また、プルトニウムも貯蔵されており、9キロといわれていたそれは、実は28キロであることも明らかになった。しかも、坑内には塩分の濃度の高い地下水が浸み出しているという。ドラム缶が腐食し始めるなら、この一帯の地下水が大々的に放射能汚染される恐れがある。政府も電力会社も、一気に信用をなくしてしまった。

事態を重く見た政府は、アッセのドラム缶を地上に回収することを決定し、2010年の初め、調査のためのボーリングを開始した。まずは、12カ所の横坑の状態、そして、放射能漏れの有無を把握しなくてはいけない。とはいえ、地下700メートルの、どうなっているかわからない状態の場所から、12万個以上の、ひょっとすると放射線を発しているかもしれないドラム缶を回収するというのは、並大抵の技術ではできない。だから、数年のうちに回収というだけで、きちっとした予定も立っていない。コストに至っては、試算するのもおぞましいはずだ。

腐食ドラム缶の報道の余波で揺れるドイツ

いつ掘り出されるかわからない、そのアッセのドラム缶だが、行き先だけは決まっている。現在、ニーダーザクセン州でコンラートと呼ばれている昔の鉱山の廃坑が、中低レベルの核廃棄物の最終貯蔵用に改造されており、ここに、アッセから掘り出した廃棄物20万立方メートル分を貯蔵する計画が進んでいるのだそうだ。コンラートの収容能力は30万３０００立方メートル。

ただ、アッセから12万個ものドラム缶を掘り出して、移すなどということは非現実的で、いつの話かもわからない。それなのに、コンラートはできる前から容量が足りないとか、運び込まれるドラム缶は、錆びたり腐食したりで、移動には危険な状態であるとか、怖い報道が相次ぐ。

本来なら、まず、アッセの廃棄物を掘り出す必要性が本当にあるのかどうかが、冷静に論じられるべきではないのか。中・低レベルの放射性廃棄物は、危険なほどの量の放射性物質を発していないかもしれず、他の危険ゴミの毒性と、さほど変わらない可能性も高い。

いずれにしても、次第に明らかになってきたのは、ドイツでは、〝クリーンで安価な原発〟の宣伝文句とは違って、放射性廃棄物に関しては、電力会社は、安価ではあっても、あまりクリーンには運営してこなかったということだ。いろいろな面倒なゴミを、焼却もせずに、どんどんドラム缶に詰めて廃坑に放り込んだ。だから、今、こういうことになっており、国民は怒りのやり場がない。

最適の貯蔵施設候補地でも抵抗運動は起こる

ドイツの核廃棄物の最終貯蔵所探しは、猫の首に鈴を付けるようなものだ。放射性廃棄物は、千代に八千代に安全に貯蔵しなければならないということでは、ドイツ国民の意見は一致している。自分たちがそれをやり遂げる技術を持っているということも確信している。

しかし、どんなに安全であっても、場所が決まらない。皆、腐食ドラム缶の写真などを見過ぎてしまい、それが自分の住んでいる町に来るなどということはありえないと思っている。

現在、多くの核廃棄物が中間貯蔵されているニーダーザクセン州のゴアレーベンは、実は、貯蔵所としては最適の場所だという声が専門家の間では高い。日本からも過去、多くの視察団が訪れ、エレベーターで地下１３００メートルまで潜って見学している。「広大な岩塩層地帯で、日本人から見たら、まったく申し分のない、理想的な地形」というのが、彼らの一致した印象だ。「例えば岐阜県・瑞浪《みずなみ》サイトのような大量の地下水に悩まされるなどということとはまったく無縁の、もったいないような地質条件」らしい。ゴアレーベンの様子は良くニュースの映像でも出てくるが、確かに、巨大で堅固な地下都市といった様相だ。

ここを、高レベルの放射性廃棄物の最終処理場とする案は、もちろんずっと前からあった。おそらくそれがドイツにとっては一番合理的な解決法であるとも思える。しかし、その意図の横を伴走するように、ゴアレーベンでは仮貯蔵の廃棄物が運び込まれるたびに、必ず激しい反対運動が巻き起こっていた。

最初にちゃんと話し合いをしていなかったことがそもそもの原因ともいわれるが、たとえ最初がきっちりと始まっていたとしても、事態が収まっていたかどうかはわからない。時が流れれば、人間が変わり、時代が変わり、考え方が変わるので、どのみち反対運動は避けられなかったような気がする。しかも、抵抗していたのは住民だけでなく、ここ何十年もの間、国も、州も、自治体も、核廃棄物の貯蔵所を巡って、それぞれの利害を盾に、縦横無尽に争ってきたのである。

長い名前の法律で問題を先送りしたドイツ

脱原発を滞りなく遂行するためには、高レベルの核廃棄物の安全な貯蔵を責任を持って達成しなければならない。しかし、ドイツのそれはあまりにも混線しすぎた。ところが、ようやくこのたび、一応この争いに終止符が打たれることになった。平たくいえば、今までのことをすべてなかったことにして、最終貯蔵地をゼロから探しましょうということに決まったのだ。

そのために2013年7月、「核廃棄物貯蔵地選定法」というものができた。正式な名称は長ったらしい。「核分裂生成物を含む放射性廃棄物の最終貯蔵地の探索と選定のため、および関連法の変更のための法律（Gesetz zur Suche und Auswahl eines Standortes für ein Endlager für Wärme entwickelnde radioaktive Abfälle und zur Änderung anderer Gesetze)」という。

この法律のいわんとしていることは遠大で、まず、2015年までに、選定の判断の基準を決める。それから候補地を5つに絞り、19年までにそれをさらに2カ所に絞る。20年より、その2カ所で試験掘削をし、複数の専門家の意見を聞く。31年までに決定し、工事にかかる。40年から貯蔵。ドイツ人を、堅固な長期的計画を立てる人々と見るべきか、あるいは、すべてを先送りする無責任な人々と見るべきか。いずれにしても、原則論の好きなドイツ人らしい徹底した法律だ。こうでもしなければ、仮の貯蔵所が最終の施設になってしまうと疑心暗鬼になっているゴアレーベンの住民を、納得させることはできなかったということは明確である。

ただ、これを見ただけで想像がつくのは、候補地を5つに絞るまでに、ゴアレーベンで30年間起こっていたような住民の反対運動がそれぞれの候補地で盛り上がり、紛糾するだろうということだ。しかも、ゴアレーベンも、再び候補地の一つとなることはおそらく間違いない。それどころか、最終貯蔵施設がゴアレーベンに落ち着く可能性は、かなり高い。もし、それがわかっているのなら、大いなる税金と時間の無駄かもしれない。

日本でも、国民の放射能への恐怖が強いため、企業が、原発から出た安全な資材さえ引き取らず、リサイクルが成り立たない。原発に使った鉄鋼は、最高品質のもので、企業はそれを知ってはいるが、風評を恐れているから手を出さない。放射能への恐怖が強くて、最終貯蔵施設が決まらないドイツと、状況はそれほど変わらない。それどころか、ドイツではこれから何年もの間、反対運動はさらに過熱していく可能性が高いだろう。

第9章　日本の原発を見にいく

安全対策の進む女川原発

東北電力の女川《おながわ》原発を見学したのは、２０１４年の6月だ。日本国内観測史上最大のマグニチュード９・０、震度6の揺れにもびくともせず、13メートルという大津波でも海水を被ることはなかった。地震と同時に、1号機から3号機まで、すべてが安全に自動停止した。

原子力発電は、運転を「止めた」あとも、燃料から熱が発生し続ける。そのため、原子炉への注水などによって、原子炉内の燃料を「冷やし」続け、放射性物質を「閉じ込める」ことが重要だ。

福島第一では、電気が来なくなってしまったため「冷やす」ことができず、最終的に、放射性物質を「閉じ込める」こともできなかった。その有事のときの大前提、「止める、冷やす、閉じ込める」が、しかし、女川ではちゃんと機能したのだった。

それだけではない。当時、建設中だった事務新館では、ガラス一枚割れなかった。しかも、その後、家を失った近隣の被災者360人以上を、3カ月にもわたって原発の施設内で保護したという稀有な原発だ。女川町の被害は甚大で、1万0014人の住人のうち827人が亡くなっている。

2013年5月、世界原子力発電事業者協会（WANO）は、女川発電所に対して、原子力功労者賞を授与している。理由は、①日ごろから緊急時の対応をはじめとした事前準備に備えてきたこと、②巨大地震と津波にもかかわらず、発電所の3基すべてを安全に冷温停止に導いたこと、③震災で被災した地域住民を受け入れ、地域と共に困難を乗り越えたことだそうだ。しかし、いうまでもないが、女川原発はそれ以降、稼働していない。

未曽有の地震と津波に襲われた東北地方では、延べ約486万戸が停電した。しかし、何が何でも電気を通すという電力マンの本能が機能したのだろう、死にもの狂いの復旧作業により、3日後にはその約80％、8日後には約94％に電気が通じたという。この電力マン精神は、東北電力だけでなく、当時、東京電力でも、そして、地震の被害を受けた他の電力会社でも、フルに発揮された。

原発の敷地には、簡単には入れない。敷地の周りは重要な警戒が敷かれているし、部外の人間が入るときには、事前の届け出が必要だ。そして、入り口では身分証明書の提示と審査がある。それは、現在、毎日出入りしている１０００人以上の工事関係者も同様だ。一昔前は、原発のことを一般市民に知ってもらおうという考えで、大々的に見学などを受け入れていたというが、アメリカの９・11以降はテロ対策が強化され、すべてが変わったのだそうだ。原発は、今ではどこも厳戒態勢を取っている。

３号機を見学したが、建屋の入り口の扉が開くと、「さくら、さくら」のメロディーが流れる。女川町の花が桜なのだそうだ。それを聴きながら入っていくと、大きなガラスのはまったギャラリーがあり、ガラスの向こうに原子炉が見えた。下には、使用済み燃料プールもある。

原子炉は、想像していたより小さかった。それは、何の装飾も、何の無駄もないだだっ広い空間の中に、すっきりと、静かにあった。私は今、科学と人知を集結した構築物の前にいると思うと、胸が高鳴った。と同時に、畏怖の念を感じた。

眼下の燃料プールには、使用済みの燃料が少し入っているだけだった。ずっと稼働させていても、これがいっぱいになるには10年はかかるという。核廃棄物というのは、あっという間に溜まりに溜まって収拾がつかなくなるものだと思っていたが、技術者の人の話によると、本当に高い放射線を発する廃棄物は、使用済みの燃料以外に、それほど多くはないらしい。

外に出ると、夏なのに肌寒く、おまけに黒い雲が立ち込めて、少し憂鬱な気分になった。東北の気候の厳しさを感じる。目に入ってくるのは、防潮堤の工事だ。現在、海抜14メートルの敷地には緊急的に高さ3メートル（海抜17メートル）の防潮堤が設置されている。その背面側に鋼管式鉛直壁という15メートルの防潮堤が築かれ、海抜29メートルの守りとなる。

なぜ、鋼管式というかというと、遮水壁の裏に、直径2・5～2・2メートル、長さ15メートルの鋼管を打ち込んでいくからだ。その全長が680メートルになる。その鉛直壁の北側は、セメントで強化した改良土で盛り土をして、堤防を120メートル延長する。完成は、2016年の3月の予定だ。その他にも、電源車や代替注入車の準備、ディーゼル発電機の設置など、さまざまな安全対策がすでに行われているという。

＊追記　その後、2018年度後半の完成予定とされた。

写真９－１　宮城県女川町にある東北電力・女川原子力発電所の外観。津波対策を強化するため、防潮堤・防潮壁の工事が進められている。

写真９－２　静岡県御前崎市にある中部電力・浜岡原子力発電所の防波壁。内閣府による断層津波モデルにより予想される津波の高さが、最高19メートルであることが判明したため、防波壁を海抜22メートルへかさ上げする工事が進められている。

地震対策・津波対策が強化されている浜岡原発

２０１４年10月には、中部電力の浜岡原発を見学した。こちらの状況も、女川と良く似ている。浜岡には5基の原発があるが、１号機と2号機は、２００９年にすでに運転を停止し、廃炉の措置中だ。

震災のとき、３号機は点検で動いておらず、４号機と5号機は稼働中だった。４号機、５号機は、両方とも沸騰水型の軽水炉だが、５号機は改良型の新鋭機で、２００５年に運転を開始したばかりだった。そして、両機とも地震のときも停止せず、安全に動き続けた。

しかし、11年の5月、菅直人首相（当時）の総理大臣要請を受けて、全機の停止を決めた。原子力に対する国民の不安が高まっていたので、より信頼を得ていくことが最優先であると考えた結果だそうだ。そして現在は、やはり女川と同じく、安全性向上に向けた対策工事が行われていた。

浜岡原発から海は見えない。すでに、海抜18メートル、総延長１・６キロという防波壁の工事は完成していたが、そのあと、想定津波が最高19メートルに上がったため、現在、さらに4メートルのかさ上げ工事が行われている。防波壁は、その基礎部分は

10メートルから30メートルも地中に打ち込んであり、根本は岩盤まで深く入っている。さらに、壁の下部は、奥行き7メートル、高さ2メートルのL字型の基礎によって支えられている。

浜岡は、東海地震等の震源域内に位置することを踏まえて、地震対策が前々から施されていたが、現在さらに強化されている。防波壁の基礎の増強も大地震を想定したもので、原子炉建屋も、岩盤を20メートルも掘り下げて直接設置し、しかも、建屋自身がピラミッドのような安定した構造になっている。岩盤での揺れは、地表に比べて、2分の1から3分の1程度だといわれている。

すでに２００５年から、岩盤上での揺れ１０００ガルという数字を独自に想定し、耐震性を強化してきた。ガルというのは、地震によって地盤や建物に加えられる揺れの強さ（地震加速度）を示す単位で、原発等の地震対策の評価に使われている。

条件が違うので簡単に比較はできないが、たとえば、東日本大震災のとき日本の原子力発電所で最大級の揺れとなった女川原発で記録されたのが５６７ガルだったので、１０００ガルというのは、それを大きく上回る数字だ。ところが、今、浜岡では、重要な施設を対象に、それをさらに上回る１２００ガル（3、4号機）、２０００ガル（5号機）に対応させる改良工事を行っている。

1000ガルの揺れを想像するのにわかりやすい譬えは、地上にくっついているだけのほとんどのものは、家だろうが何だろうが、全部飛び上がってしまうというものだそうだ。ところが浜岡では、それを超える地震加速度でも原発が飛び上がらず、防波壁は崩れず、排気塔は倒れず、重要な配管も折れず、重要なポンプも動作を止めないことを目指して、現在、対策を施している。今、浜岡は建設現場そのものだ。原子炉建屋には水が入らないように、大きいものでは1枚20トンもある扉が設置されており、いざ閉じる際には電動ではなく手動にて、2人で1～2分で閉じることができるという。また、重要な室内にも水が入らないよう、1トンもあるドアが設置されているが、これも1人が数秒で開閉できるようになっているという。半信半疑だったが、やはり他のところにある同様の頑強なドアを開けさせてもらったら、私一人で軽々と操作できたのでとても驚いた。悲しいことに、ここで行われている先端技術を山ほど目にしながら、結局、私が実感できたのは、このドアの軽さぐらいだったのかもしれない。

また、何らかの理由でメルトダウンにいたるような事故となった場合の対策も取られている。格納容器の破損を防ぎ、また、放射性物質の放出を抑制するための対策だ。女川と同じく、放射性物質を吸着するフィルタつきのベント設置工事が行われていた。

これにより、セシウムなど粒子状の放射性物質の放出量は、１０００分の1以下に抑えられるそうで、そうすれば、今、福島で問題になっている大規模な放射性物質による土壌汚染などは起こらない。避難さえしなくてよいだろう。

繰り返すようだが、最大の災害、そして、それによって引き起こされるあらゆる事故を想定して、何重もの対策が練られていることだけは、痛いほど良くわかった。

大地震が起きても原発にいれば助かる可能性が高い

しかし、万全の対策を目指して、槌音高く工事が進んでいる現場を見せてもらいながら、なんだか言葉にはできないような奇妙な感覚に襲われたのも事実だ。眼前に、信じられないほど頑丈そうな海抜22メートルの灰色の壁が立ちはだかっている。それも1・6キロにもわたって延々と続いていて、完全に視野が塞がれているのだ。この凄さは、なかなかそこにいってみないと実感できない。これを越える津波というものが、まず想像しにくい。その向こうに茫々とした太平洋があるということさえ、信じられなくなる。津波が来れば、この壁によって守られるはずなのに、しかし、私はその頑強な壁に、底知れぬ恐怖のようなものを感じた。

そういえば、こんな恐怖を以前感じたことがあると、ふと思った。どこで感じたのだろう。そのとき、「あ、あそこだ」と気づいた。ベルリンの郊外だった。鬱蒼とした森の中の、かつての東ドイツの独裁者、ホーネッカー書記長の核シェルターを思い出したのである。

2008年の夏のこと、私はベルリンの北にあるヴァントリッツという場所に向かっていた。ちなみに、東ドイツ時代の地図には、ヴァントリッツという場所は存在しないが、実は、かつての東ドイツの最高幹部の官舎が20軒ほども並んでいた場所だ。

ここに、当時の東ドイツが莫大な費用と最高の技術を駆使して建設したという、東欧ブロックの中では空前絶後の核シェルターがあった。冷戦の真っただ中だった70年代の終わりごろ、米ソの争いは核武装の増強合戦という形で過熱していた。アメリカは核搭載の中距離ミサイル、パーシングⅡを鉄のカーテンに沿って配備し、東ドイツは核攻撃の脅威にさらされた。少なくともホーネッカーはそう信じた。

そこで、この森の中に、83年、400人の人間が2週間の間生き延びられるという核シェルターが造られた。いうなれば、ホーネッカーが、自分が生き延びることを目的に造らせた巨大な核シェルターだ。

2008年、老朽化したその施設を永久に封鎖することになり、その前に3カ月だけ一般公開するというので、私は見学を申し込み、ベルリンに飛んだ。これについては、拙著『日本はドイツにもう学ばない？』（徳間書店）で詳しく書いた。

核シェルターは、一言でいえば、地中に途方もなく巨大な建物が埋まっているというものだった。仮に造った狭い入り口から降りていくのだが、かなり老朽化している上、暗く、足場が悪く、しかもカビのため空気も悪かった。そのためだろう、見学にはガイドがつき、点呼があり、見学者は、「何かあっても自己責任とする」という契約書まで提出させられた。

シェルターの構造は、一番外側が極めて分厚い頑丈なコンクリートの箱となっており、その中に、居室や、重要な機械の設置してある部屋がすべて宙づりになっている。核爆弾が落ちたときの衝撃を抑えるためだ。部屋は大小取り混ぜて１７０室もあった。

もちろん、空気も水もエネルギーも自家供給できるようになっている。ただ、36時間が過ぎると、空気が切れ始めるので、外気を念入りにフィルタで浄化して取り込むことになる。

２週間が過ぎると、ホーネッカーは緑の迷彩色に塗られたガレージに待機している特別車両で空港までいき、モスクワに逃げ延びるというシナリオだったという。いずれにしても、彼は、広島の何十倍もの威力の核爆弾が落ちても生き延びるつもりだったのだ。

一番違和感を持ったのは、シェルターの中で、ホーネッカーが国民に向かってテレビ放送をするというスタジオを見たときだった。自分の無事を国民に伝え、その後の指令を発するためのスタジオだ。しかし、それほど重篤な核攻撃があったなら、彼のテレビ放送を聞く国民はいないのではないかと思った。そう、浜岡の工事現場に立って感じたのは、まさにあのときの感覚だった。

ホーネッカーは、核攻撃による衝撃を弱めることのできる宙づりの自室をシェルターの中に造らせた。一方、浜岡では、１２００ガルの地震の揺れに耐えられる安全対策をしている。おそらく浜岡の施設は、原子炉の建屋も排気筒も、もちろん防波壁も、地震で機能が失われることはないのだろう。

大地震のあとは、最大級の津波が襲う可能性が高い。しかし、そのときも、私の目の前に立ちはだかっているこの屈強な壁は、津波から原発をおそらく守るだろう。

かつてホーネッカーは、自分だけが助かるために、万全のシェルターを造った。国民の安全などおそらく眼中になかった。浜岡原発はその反対だ。地域の住民を守るために、万全の安全対策を敷こうとしている。

しかし、原発の敷地を除けば、海岸には防潮堤はない。津波は浜を越え、ビルや家屋や田畑の上に容赦なく流れ込み、すべてをあっという間に呑みこんでいくに違いない。水浸しになったはるかなる海岸線に、この原発の敷地だけが島のようにポッコリと取り残され、すっくと立っている光景が目に浮かんだ。あたり一帯が壊滅しても、原発はびくともしない。それを思ったとき、まさに言いようのない無力感に囚われてしまった。

津波に対する万全な対策をするのは、正しい。福島第一の事故は、津波対策の不備で起こった。他の原発、たとえば、同じだけ高い津波を受けた女川では、津波対策が万全だったので、浸水で電源を失うことはなかった。そして、女川だけでなく、他の原発も、地震で壊れるということも、事故が起こることもなかった。それは偶然ではない。福島の方こそ、例外だったのだ。

もう一度いう。安全対策は正しい。もちろん徹底的にやるべきだ。しかし、それが非現実の範疇で語られるようになるのはおかしい。ホーネッカーは、自分だけが助かって、治める臣民がいなくなることに気が付かなかった。原発の安全性の追求が、まさにそのような極論に向かっていくことだけは避けなければならない。

まえがきで触れたが、自然界にリスクが付き物であるように、原発もリスクゼロにはならない。だから、限りなくゼロに近づける努力をしている。しかし、どこまで近づけるのかという現実的なリミットは定めるべきだ。

それは前述の、放射線の安全基準をどこに設定するべきかという問題にもつながる。リミットは、恐怖ではなく、冷静な科学的な判断に基づいて定めなくてはならない。

それは妥協でも敗北でもなく、リスクはゼロにはできないという厳然たる事実に基づく私たちなりの決着のつけ方なのである。

第10章　日本の電力供給、苦闘の歴史と現在

電気を遠くへ送ることは難しい

電力の事業化の草分けはエジソンだ。エジソンの白熱電球は、ガス灯が支配していたニューヨークの夜の風景を変えてしまう。エジソンの会社は、電球の大量生産から、発電、送電、配電事業にいたる大電力コンツェルンへと成長していった。19世紀に展開された第2の産業革命では、電力の果たした役割は大きい。つまり、エジソンの功績は大きい。

しかし、実業家としての彼の電力事業は、その後、失敗に終わる。エジソンの発明した直流方式が、そのあと開発された交流方式に駆逐されてしまったからだ。エジソンのやり方は、送電のロスが大きく、発電所を際限なく増やしていかなければならなかった。送電は電圧を上げることでロスが少なくなるが、その点、交流電気ならば電

圧の変換が容易なので、作った電気を高い電圧で遠くまで運び、それを必要な場所で必要な電圧に変換して使うことができる。

しかし、エジソンは直流電気に拘った。1880年代、エジソンが完全に敗北するまでの数年間、直流対交流の激しい競争が起こり、これは電流戦争と呼ばれている。

アメリカで電流戦争が起こっていた1880年代の日本といえば明治だ。1883年（明治16年）に、東京電灯という日本で最初の電力会社が設立された。東京電灯は、その3年後の明治19年には事業を開始したので、日本は、世界の技術発展とほぼ足並みを揃えていたといえる。まずは、旧東京府内の5カ所に火力発電所が造られた。

当時は、当然のことながら、官公庁や企業、そして裕福な家庭にしか、まだ電気は来ていなかった。しかも、日が暮れてから12時ごろまでしか使えなかったというから、電気は動力ではなく、灯りとして利用されていたのだ。

しかし、それはまもなく変わる。欧米で電気が産業のために活用されたのと同じく、日本でも電気は殖産興業の原動力に変わっていく。銀行、鉄道、紡績、鉱山、製鉄、機械工業などが、競って電気を使った。家庭の電化も進んでいった。電気は、あらゆるところで、一日中、必要とされるようになった。そして、1894年（明治27年）、日清戦争が始まると、電気は大幅に不足し始めた。

当時の電力事業のネックは、送電技術の貧困だった。長距離の送電ができなければ、あちこちに火力発電所を建てて、地産地消でやりくりするしかない。実際、日本全国に、多くの電力会社が誕生し、発電をしていた。このころの発電は、石炭を燃料として蒸気を発生させ、その力でタービンを回す火力発電だ。しかし、そのうち石炭が高騰し、豊かな水資源を活用する水力発電所が造られるようになった。しかし送電は、依然として大きなネックだった。だから、水力発電所も小規模で、近くで消費するというのが常であった。

100年以上の歴史を誇る駒橋水力発電所

山梨県の駒橋《こまはし》水力発電所が完成したのは、1907年（明治40年）のことだ。長距離送電に成功した日本で最初の発電所で、河口湖や山中湖を水源とする相模川水系にある。山梨県から東京の早稲田へ、76キロの送電線がつながった。そして、同年12月20日の午後4時、山梨県で作られた電気で、麻布・麴町一帯に電気が灯ったのだった。

長距離送電の成功は、そのまま産業の発達につながる。電気を工業地帯に運べるなら、遠方に大型発電所を建設すれば良い。山梨県のように、豊かな水量があり、年間を通して安定した取水が確保でき、山の落差を利用できる土地となると、水力発電にはもってこいだ。以後、甲斐の里が、京浜地区の電力の大需要を力強く支えていくことになるのである。

その駒橋発電所を２０１４年9月に見学した。この発電所は１０７歳の老体ながら、現在もまだ使われている。当初の発電所は、レンガ造りの美しい建物だったが、今はその面影はない。１９５９年（昭和34年）に改築され、その後、コンピュータ制御となってからは、無人で運転されている。しかし、発電用水の取水口や水路橋等は建設当時のままの姿を今に残していて、歴史と情緒を感じる。一部は、国の重要文化財に指定されているそうだ。現在は最大２万２２００キロワットの出力である。

同発電所の最初の建設の様子を示す写真が、施設内に展示されており、とても面白い。明治時代のこと、資材や機材は鉄道で大月駅まで運ばれたが、そのあと現場までは、馬車や人力で運搬されていた。建設工事の方も多くは人力で、ツルハシ、シャベル、モッコなどを使って掘削し、岩盤にはノミで穴をあけ、火薬を詰めて爆発させる方法が取られたという。

送電線の塔は長い木の幹でできていて、その上の方に、命綱さえつけていない人々が、何人も得意そうに立っている写真もある。サーカスまがいの光景だ。電線が渡河

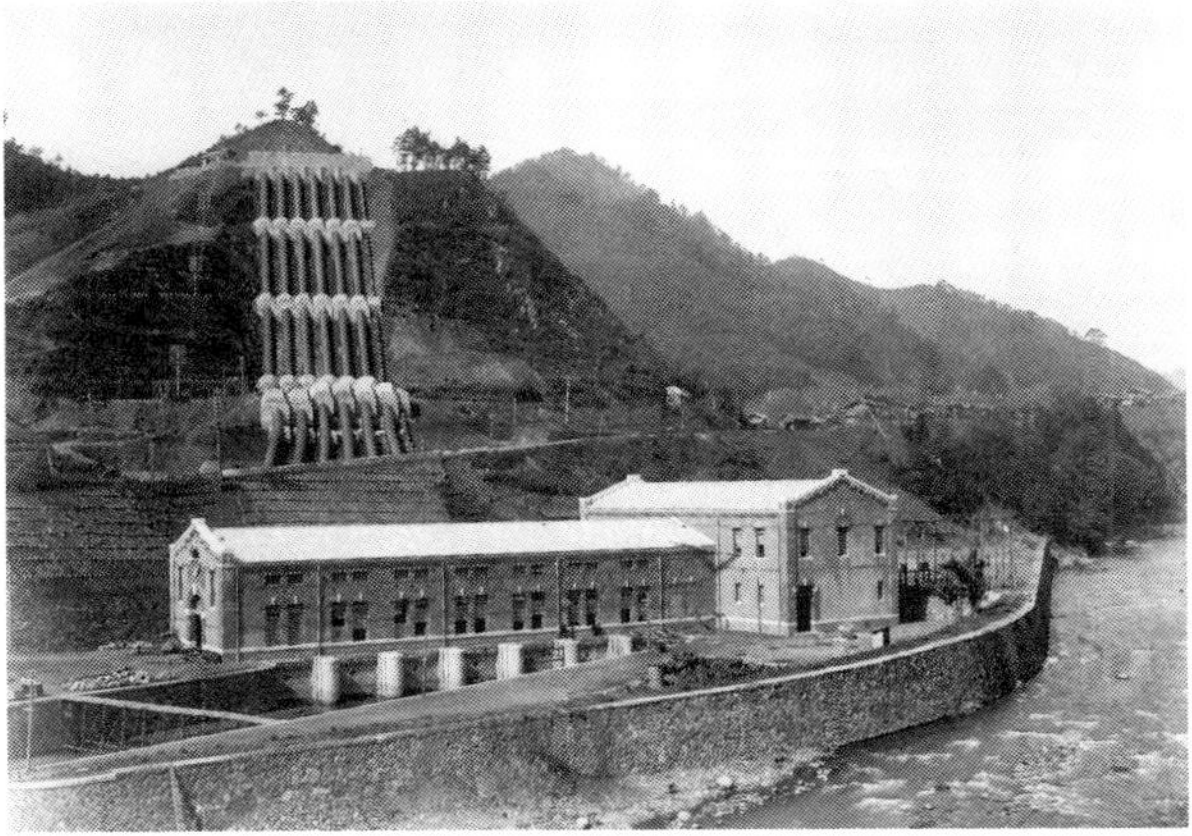

写真10－1　操業開始当時の駒橋水力発電所の姿。1907年完成。日本で初めて長距離送電に成功した発電所。

する場所だけは、木の柱ではなく、鉄塔が使われたという。それ以来、この発電所が、日露戦争や、その後の2度の大戦などすべてを見ながら、明治、大正、昭和、平成と、黙々と働き続けてきたかと思うと、とても感慨深い。

電力は国の要だ。産業の黎明期はもちろんのこと、どこの国でも、電力なしの産業化はありえない。日本が第二次世界大戦に入ったのも、エネルギーの供給の道を閉ざされたからだ。その後、戦後になったら、高度経済成長がどれだけ進むかは、そのための電気をどこまで調達できるかということと同義語になった。発電の物語は、日本の経済成長の物語ときれいに重なる。電力事業に関わってきた人々は、一企業としての儲けというより、日本の発展という大いなる目標を胸に抱いていたに違いない。そういう、先人の国造りの悲願を、駒橋発電所を見て、ひしひしと感じた。

高度成長期の電力需要を支えた黒部ダム

電力事情が再び著しくひっ迫したのは戦後だ。1952年、ようやく主権を回復したとき、日本はすでに華々しい復興の道を歩んでいた。1954年、朝鮮戦争の特需を引き継いで、神武景気が到来していた。すでに国民の間にテレビや洗濯機が普及し始め、56年の経済白書には「もはや戦後ではない」と記された。この好景気がその後の高度経済成長の引き金となるのだが、当時、それを妨げるネックが一つあった。電力不足だ。56年、黒部ダム（現在の出力は33万5000キロワット）の建設が始まった。

黒四ダムは、関西電力の民間プロジェクトだ。大規模な発電ダムとしては、55年、56年と、すでに木曽川の丸山ダム、天竜川の佐久間ダムが完成していた。黒部川の下流地域にも、戦前にすでに3つの小規模のダムが造られていた。現在の黒部ダムが、昔、くろよんと呼ばれたのは、黒部川の第4ダムであったからだ。

黒部川の源流は、飛騨山脈の鷲羽岳、2924メートルという高所にある。川は、最初のうちこそ山奥の台地をゆるやかに流れているが、「やがて恐ろしい流れとなって、七十キロほどを狂気のように北に駆けくだり、ようやく富山県愛本のあたりで平地に出て、肥沃な黒部平野を作ってから、富山湾の東端で日本海に注ぐ」。「北アルプスの雲の上から、わずか百キロ足らずで海に注ぐ川だけに、上流ではその勾配は極めて激しく」、「歯をむいて、鋭い渓谷の岩角を蹴って、海へと走り下っている」（『黒部の太陽』木本正次著）のである。

しかも、その周りには、剱岳や立山など、「日本の屋根」と呼ばれる3000メートル級の山々が連なっている。つまり、黒部に人が入らなかったのは偶然ではない。

これら周りに立ちはだかる天険が、黒部へ人を寄せ付けなかったのである。富山側から黒部には、通じる道さえなかった。黒部はまさに秘境であったのだ。

だからこそ、黒部ダムの建設は未曽有の難工事となった。秘境に巨大なダムを造るということ自体が無謀なことだった。建設を打診された5つの建設会社は、工費の見積りが皆目できなかった。工区のほとんどが剣呑な山岳地帯で、冬の黒部は雪深く、凄まじい雪崩が頻発する。さらに国立公園の自然保護という厳しい条件までついていた。そして、この出口のないすり鉢の底のようなところに機材を運ぶには、北アルプスを貫徹するトンネルを造らなければならなかったのである。

現在、黒部ダムのレストハウスのくろよん記念室で、黒部ダム建設の記録を見ることができる。ホールにはいくつかのモニターがあるが、まず私が驚いたのは、最初にそこに調査に入り、道を造り、橋を架けた人たちだ。絶壁にへばりついたり、どうやって渡したのか、深い渓谷を横切るただの綱に等しいような橋の上を渡ったりしている人の姿に、私は心から驚愕した。解説を読むと、鳶職と書いてある。私の認識では、鳶職とは屋根の上など高いところで作業をする人だが、突風が来たら、ひとたまりもなく谷底に墜落するようなところで綱渡りをする人ではない。当時、「黒部には怪我はない」といわれていたという。つまり、事故が起これば、死ぬしかない。それが大

写真10－2　（上）黒部ダム建設当時、現場への行き来のための道は未整備で、このような簡易な吊り橋や、崖に作られた仮設の足場を伝っていくしかない難所があった。（下）黒部ダムの外観。高さは186メートル、堤頂長は492メートルと巨大。飛騨山脈の山中、長野県と富山県の県境に位置し、関西電力・黒部川第四発電所として電気を供給する。毎年100万人が訪れる観光名所でもある。

げさな表現ではないことが、この写真を見ると良くわかった。

機材の輸送の様子を記録した写真も凄まじかった。たとえば、道がないため、即座に必要であった重機を現場に運べない。そこで、それらは分解され、ボッカと呼ばれる強力《ごうりき》が担いで山を越えた。分解したといっても、相当に大きな鉄の塊だ。その重さは想像にあまりある。当時、日本中からボッカを駆り集めたというが、彼らがさまざまな荷を担いで延々と山道を登っていく写真は、見ているだけで息が詰まった。これが日本での、しかも、ついこの間のできごととは、にわかには信じられなかった。

1956年8月に始まった工事は、1年で終わらせなければならなかった。しかし、厳しい冬を越した翌年5月、トンネルの入り口から2・6キロの地点で、工事関係者たちは破砕帯に激突した。破砕帯というのは、断層に沿って岩石が破壊され、ぐしゃぐしゃになっている部分で、掘り進むことは不可能だ。大量の水と土砂が噴出し、トンネルの先端は、あっという間に、上下からの圧力で押しつぶされかけた。

これから7カ月の間、トンネル工事は遅々として進まない。地質学の専門家も、先の状態はわからなかった。ありとあらゆる対策が模索され、すべてが行き詰まる。摂氏7度の寒いトンネルの中に、摂氏4度の冷水が激流のように走っていた。そしてそこでは、雨合羽を着こんだ技師や坑夫がどうにかして掘り進もうと、水浸しになりながらあがいていた。ようやくボロボロの花崗岩が固い岩石に変わったのが12月1日。80メートルの破砕帯が終わったのだ。トンネルが迎え掘りとぶつかり貫通したのは、さらにそれから2か月半後の2月25日のことだった。

このころの日本では、電力は、水力から火力に切り替わろうとしていた。増え始めていた火力発電所は、コンスタントに稼働させないとロスが大きく、発電機器にかかる負担も大きかった。そこで、一日のうち、あるいは、季節によって増減する電力需要に合わせて調整をするため、大型の水力発電所が危急に必要となったのだ。つまり、ベースロード電源であった火力のための、ミドル電源あるいはピーク電源としての役割を、水力が担った。しかし、さらに続く目標は原子力。その時代の空気と意気込みを、くろよん記念室の15分の映像は、とてもうまく伝えていると思う。

黒部にいくと、50年ほど前の日本に、安定した電力を供給するという目的のため、命を削るようにして働いた人たちがいたことがよくわかる。それは黒部ダムだけではなく、当時の電力と関わっていたすべての人たちの、共通の願いであったのだろう。

その後、電力が原子力に移行していくと、大きなお金が動く事業の常として、さまざまな癒着や汚職も起こったに違いない。しかし、先人の多くはそんなこととは無関係だ。ただ日本のためという気持ちに背中を押されて頑張っていたに違いない。発電の歴史は、日本の経済成長の物語でもある。

今の私たちは、電気はあって当たり前だと思っている。今、享受している繁栄のために、どんな苦労があったかなど、夢の中でも思わない。そして、好き放題に電気を使いつつ、電力会社を悪しざまに罵っている。当時、日本の繁栄のためにと頑張った人たちは、きっと悲しい思いをしているだろうと思う。

半世紀近く現役、今も頑張る玉島火力発電所

岡山県倉敷市の玉島発電所は火力発電所で、1号機は1971年（昭和46年）に運転を開始した。その後、72年、74年に、2号機、3号機が続き、すべて現在も動いている。

すぐ近所の水島発電所に至ってはもっと古く、1号機が運転を開始したのは、1961年（昭和36年）だ。ここも3号機まであり、使用燃料は、石炭から石油、あるいは天然ガスへと変遷したが、やはり現役だ。しかも、高効率と省エネを実現した近代的な施設として、周りの工場群に電気を提供している。火力発電所の寿命は長い。

14年10月、玉島発電所を見学した。発電所の敷地は42万平方メートルもあり、その

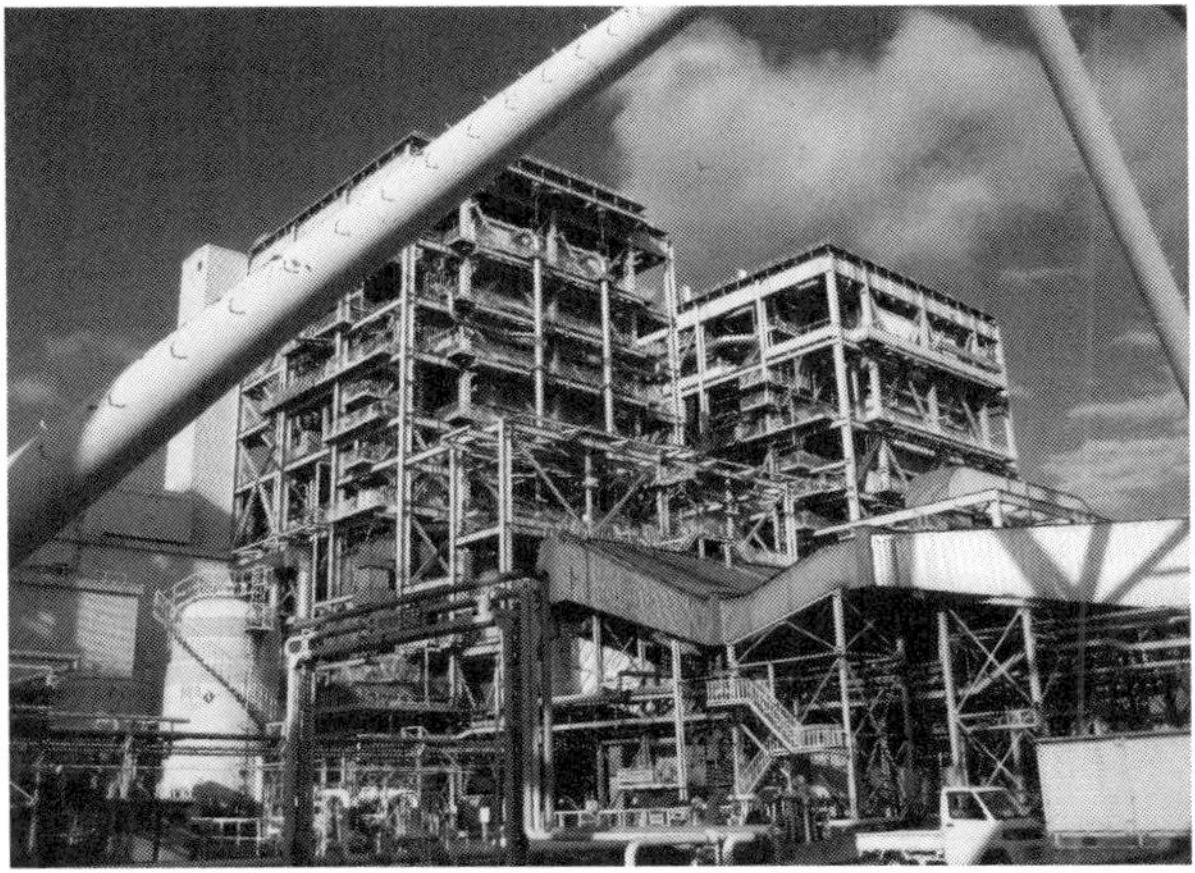

写真10－3　岡山県倉敷市にある中国電力・玉島発電所。写真に写る２基に加えてもう１基、合わせて３基の発電機がある。

うちの2割あまりが緑地。広々としている。使われている燃料は、1号機は天然ガスで、2号機と3号機は重油。原油と重油の違いは、原油とは、油田から採取したあと、精製のため、水分、ガス分、塩分などを取り除いた状態のもの。一方、重油とは、原油を蒸留して、ガソリン、灯油、軽油などを取ったあとの油や、分解装置などの残油をベースに、灯・軽油を再調合して作られたもの。それらを一つにくくる言葉が石油だ。

玉島火力発電所では、ちょうど2号機が点検中で止まっていたので、私はボイラーの中にまで入ることができた。発電所に勤務している人でも、ここまで侵入（！）する機会はあまりないという。貴重な体験だ。

ボイラーの中には、点検作業用の仮設の床やら足場やら階段が作ってあり、歩き回ることができた。普段なら、地獄の釜のように熱くなる場所だが、そんなことは想像さえできない。

ボイラーの建屋は高さが50メートルもあるが、ボイラーの正味の高さは38メートル。それも、建屋に上からぶら下げられている。なぜか？　高熱になると、金属が伸びるからだそうだ。つまり、下部を固定してあると、変形してしまうが、上からぶら下げてあれば、伸びても下に余裕があるので、問題はない。

ボイラーの熱で発生した水蒸気で、タービンと発電機を回して、電気が作られる。ただ、この巨大なボイラーが、何本かの鉄の棒で吊り下げられていて、炉が600度という高熱になると、何十センチも伸びてしまうという話は、これまた、うまく想像できない。

ボイラーの内部は、灰で真っ黒。点検中に、それを一生懸命落としていくのだ。同時に、ボイラーの金属が痩せてきたり、あるいは腐食の箇所が見つかることもある。でも、灰を落としても、補修しても、若返るわけではない。玉島発電所は、見るからにお爺さん発電所だ。

「良くもまあ、長いあいだ頑張ったね、お疲れさま」と声をかけたくなる。「オイルショックのときは、どうだったの？」と聞きたくもなる。日本の経済成長をずっと支え、戦後史を見てきた発電所である。

ボイラーの中で感じたのは、この火力発電所は、何とアナログなのだろうということだった。いや、それはただ私の勝手な印象なのだが、それでも、拭いきれない印象でもある。ピカピカの女川原発や、やはりピカピカの葛野水力発電所を見たあとで、この玉島の発電所を見ると、何ともいえない親近感を覚える。そもそも、古いすすけた部屋のようなボイラーの中に私が立っているということだけで、かなりアナログだ。

この発電所なら、私でも発電の仕組みが理解できるような、そんな気がした。

ボイラーを通り抜け、建屋の外に出て、外階段を上まで登った。床は金網なので、足の下に50メートル近い奈落がまざまざと見える。高所恐怖症の人なら腰が抜けるだろう。

台風が去ったばかりでお天気の良い日だった。風が強い。敷地内には、2本の巨大な煙突がある。地震に備え、両方とも頑丈な鉄骨で支えられている。中でも1本は230メートルとひときわ高く、この発電所のプライドを一身に背負っているように、堂々とそびえたっていた。

海が青い。眼下には海沿いに瀬戸内の工業地帯が広がり、雄大な眺めだ。

実際には、玉島発電所は、古いといえども、まだまだ活躍中で、3基で岡山県の電力使用量の半分を賄っている（出力は3基合わせて120万キロワット）。原発が止まってしまっている現在、引退などもってのほか。その重要性はいっそう増していて、老体に鞭打って頑張らなければならない状況だ。正確にいうなら、原発の停止により、現在、日本中の火力発電所の稼働率が高まっているので、ちょっとした故障は、深夜や週末など、電力需要の少ない時間帯を利用して、応急処置を施しているような状態だという。だから、特に古い火力発電設備には負担がかかってしまい、2012年、

13年は、計画外停止の件数が急激に増えた。

このように、老体の火力発電所を点検の間も惜しんで使わなければいけないというのは、異常な状態だ。産業界にしてみれば、ヒヤヒヤもの。たとえば中国電力は、14年の夏の需要は予備率が4％と、非常に厳しい状態だった。10万キロワットの火力発電所が1基、何かの不都合で止まってしまったら、予備率はさらに1％低下する。停電が起こる可能性が高まる。

厳しいのはどこも同じで、特に関西電力、九州電力は、予備率3％という綱渡りだ。そのうえ、火力は燃料の輸入に莫大なコストがかかる。国民経済の観点からいえば、これほどもったいない話はない。

すべての電気を再エネとガスで賄い、しかも、採算が取れるという日が早く来れば良いが、それに移行する間は、やはり原発も視野に入れた電気ミックスを考えた方がいい。老朽火力に命綱を託している現在の状況は、無理がありすぎる。原発の再稼働を拒み続けて、日本経済を壊してしまうと、将来、取り返しのつかないことになるだろう。

第11章　ドイツの脱原発を真似てはいけない理由

ドイツを真似れば必ず命取りになる！

本書の狙いは、ドイツの脱原発をけなすことではない。ドイツの脱原発が失敗だといいたいわけでもない。

私が本書に託すのは、日本は絶対にドイツの脱原発を見習わないでほしいという願いだ。なぜか？　それは、ドイツと日本の置かれている状況があまりにも違うので、日本がそのままドイツの真似をすれば、必ず命取りになるからである。日本がドイツと同じことをするのは、現在のところ不可能だ。それをどうか、読者にわかってもらいたい。

ドイツは、早急すぎる脱原発を決めたがために、多くの困難を抱え込んでいる。その困難の一部は公になっているが、多くのところは、まだうまく覆い隠されている。

メディアは常に、脱原発の決定は正しいという前提で話を作る。それは原則としては確かに正しい。脱原発は、長いスパンで見れば、世界の潮流になっていくはずだ。ただし、それは、非常に長いスパンで見ればの話だ。

ドイツ人はこれからも、どれほどの困難にぶつかっても、きっとこの道を何が何でも進んでいくだろう。彼らには、その能力と、根性と、そして、財力がある。だから、修正に修正を重ねながら、いつか立派に成功に導くと思う。

しかし、日本では、いかに能力と根性と財力があっても、それを成功に持って行くことは、今のところできない。それに気づかず盲信すれば、まず財力が尽きる。経済力のなくなった国は、瞬く間に国際資本に食い荒らされて、いつかギリシャのようになってしまう。

理由その1　電力を融通し合える隣国がない

日本の再エネ開発は注意深く進めるべきだといったのは、ドイツの経済エネルギー省のエネルギー政策担当の局長だった。日本には、電気が足りなくなったとき、あるいは、あまったときに融通をつけ合える隣国がない。これは、決定的なデメリットだ。

さらに局長はいった。再エネの発電施設を間違った場所に造ってはいけないと。系統に接続できないところ、あるいは、消費者のいないところに発電施設を作っても、問題が起きるばかりで、何の役にも立たない。それは、北ドイツで風力電気ができすぎて困っているドイツが、一番良く知っている。

仕方がないので、ドイツの場合は、北ドイツであまった電気を近隣国に出している。運が良ければ買い取ってもらえるし、運が悪ければ、お金を払って引き取ってもらう。しかし、日本は運が良くても悪くても、それはすべてできない。

理由その2　日本には自前の資源がない

原発停止以来、日本の電力会社は、綱渡りのようなことをせざるを得なくなった。その綱渡りに日本の運命がかかっている。2013年の火力発電は、全電力量の88・3%にも達した。前述のように、老朽火力をすべて動員して、点検の暇も惜しんで電気を調達しているのだ。おかげで13年の燃料費は、10年比で4・1兆円も増えた。日本人のお金が、4・1兆円も石炭やら石油となって燃え、海外へ流出したのである。日14年になって、石油の国際価格は下がったが、安心する理由にはならない。石油やガスの値段に関しては、こちらに決定権のない状況は、一向に変わらない。

なぜか？　日本には自前の資源がないからだ。日本のエネルギーの自給率は6～8%ほど。それに比べてドイツは潤沢な自前の燃料を持っている。それは日本は真似したくても真似ができない。

＊追記　2017年現在ドイツでは、今でも、石炭と褐炭で全発電の40%近くを賄っている。うち自国産である褐炭の割合は22・6%にものぼる。

日本で大規模停電が1度でも起これば、産業の立地としての価値は下がり、企業は一目散で海外に逃げていく。電力会社は、そんな責任の重い綱渡りを、夏のピーク時にも原発なしでやっているのだ。13年も14年も、夏、停電が起こらなかったのは、まさに僥倖であった。

ただ、その綱渡りをやり遂げたおかげで今、どの電力会社も、経済的にも技術的にも最大級のピンチに追い込まれている。東京電力を除く電力8社の総純損益は、2009年のプラス0・3兆円から、12年のマイナス0・9兆円、そして、13年のマイナス0・3兆円と落ち込んだ。この状況では値上げは致し方のないことだが、その電力会社が平身低頭で、あたかも罪人のように振る舞わなければならないのはおかしくないか？

東電以外の電力会社は、事故を起こしたわけでもない。原発を急に止める理由は何もなかったはずだ。今、福島第一の事故から学び、安全強化に励んでいることはよい。しかし、それが巨額を投じた終わりのない作業になり、赤字に転落し、見通しも立たず、おまけにときどき罵られるというのは、あまりにも理不尽だ。安全強化は、運転しながらでもできる。どこの国の原発でも、そうしてきた。

脱原発に舵を切るのは、それはそれでよい。しかし、それなら事前にちゃんと話し合い、設計図を作って、長いスパンで計画を立てるべきだった。何度でもいうが、あとは野となれ山となれで、意味もなく国を脆弱化しましたでは、後悔してもしきれない。

地勢と褐炭資源を利して何とか進むドイツ

ドイツにとって脱原発は、絶対に後戻りのできない道だ。いや、ドイツだけではなく、世界の多くの人々が、いずれ電力が太陽や風で賄えるようになることを夢見ている。その先頭を切っているのがドイツで、今、再エネに多くを投資し、多くの困難にぶつかっている。

しかし、困難にぶつかり、困窮する企業がある一方、明るい話が無いわけではない。もちろん、ドイツには再エネ産業で潤う業界もある。そこでは投資がなされ、雇用が生まれる。急激な再エネ開発の結果として、一時的に国力は弱まるかもしれないが、腰を据えて待つ覚悟と経済力があるなら、いずれドイツは再エネ産業の雄として、世界を制覇できるかもしれない。

ただ、それにしても、経済エネルギー省は楽観的だ。14年の11月、同省のエネルギー政策課の局長が、22年までの脱原発は問題なく達成できるといっていたのは印象的だった。もちろん、省としての公な見解を述べているから楽観的になるというのはわかる。しかし、前述の通り、私は2009年、やはり日本のテレビ取材で同省に赴き、エネルギー政策についてのインタビューの通訳をしている。当時のエネルギー政策担当者は、「次期政権でSPDが抜ければ、エネルギー政策に突破口が開ける」と豪語していた。そして、その予言はあたり、翌年、原発の稼働年数は平均12年延長され、原発は2040年代後半までの稼働を保証されたのだった。

あれからたったの5年しか経っていないのに、当時の担当者が「ばかげたこと」と一蹴していた脱原発が、今、ドイツの公式の国家目標となっている。この急転換に、私ははっきりいって、うまくついていくことができなかった。

公式のインタビューが終わり、カメラマンが後片づけをしていたとき、局長に話しかけた。22年までに、〝問題なく〟脱原発が達成できるなどとは信じがたいと私は正直にいった。すると彼は、「なぜ、そう思うのか？」と反対に質問してきた。「来年、1基止めるのに、火力発電所を必要としている。ガス火力は採算が取れないから停滞している。再エネはバックアップが必要だ。9基が全部止まったあとはどうなるのか？」

すると、局長は答えた。バックアップは、まだまだ石炭と褐炭に頼らなくてはならない。脱原発は、30年、50年といった長いスパンで考えなくてはいけない。そして大切なことは、EUでの電気のやりくりを徹底していくこと。

なるほど、30年、50年先のことを考えての投資なら、少しぐらい困難であっても、もちろん問題はない。しかも、9カ国も地続きの隣国があるドイツのこと、一部地域で断続的な電気不足が起こっても、停電にはいたらないのだろう。

ただ、担当省の変わり身の早さに、少し騙されたような気がしたことも確かだ。ドイツで巷の報道を見れば、脱原発を実行に移そうとしている自国への自画自賛が多い。そして、ドイツの脱原発はいつの日にか成功し、世界中の国々が見習うことになるだろうと、皆が信じている。少し、話がうますぎる。

いずれにしても、ドイツは壮大な実験をしてくれているという感を、この日、また強くした。ドイツの地勢が、この壮大な実験を可能にしている。この息の長さは、お金を持っている証拠でもある。そういう意味では世界でドイツにしかできないプロジェクトかもしれない。

第12章　日本の豊かさを壊さない賢明な選択を

嘘の情報に惑わされない

原発の報道ほど、嘘がまかり通っているものはない。原発の事故以来、福島では、多くの子供ががんで亡くなり、多くの奇形児が生まれているという情報が、フェイスブックでドイツの若者たちの目に留まった。「ママ、知ってた?」と長女。

そんな事実はないというと、「じゃあ、日本では本当のことは報道されていないのね」と来た。待ってほしい。日本は独裁者が恐怖政治を敷いている国ではない。子供がたくさん死に、奇形児がたくさん生まれていれば、隠しおおせるはずがない。

ところが、その後、東京で地下鉄に乗っていたら、黒いギターのケースを持った若者が乗り込んできた。ケースには大きな紙が貼ってあり、そこに百何十人というような数字が書かれ、それが、斜線で消しては、何度も訂正してある。見ると、「原発による福島の子供の死亡数」と書いてあった。これを信じるなら、今、福島では子供がどんどん亡くなっているということになる。この若者は、何を根拠にこんな数字を掲げて歩いているのだろう。

福島では、大人も子供も、原発事故による放射線の影響で亡くなった人はいない。チェルノブイリでは甲状腺がんで亡くなった子供は15人だった。チェルノブイリでは、事故のあと、長いあいだ、子供たちが汚染された牛乳を飲み続けていたということはすでに書いた。しかし、甲状腺がんは治療が可能だ。だから、罹患者の数に比べて、死亡者は少ない。

ギターの若者を見て、なぜ、うちの娘がフェイスブックでおかしな情報を仕入れるのかというからくりは理解できた。こういう若者たちが世界に向かってとんでもない情報を発信しているからだ。原発に反対するのはいいが、嘘を発信するのはやめてほしい。嘘までついて福島の人を苦しめて、いったい何になるのだ?

そもそも、原発を動かさなくてはいけないと主張している人たちは、別に原発が好きでいっているわけではない。原発を動かさず、産業国の根幹であるエネルギーを他国に依存している限り、国が疲弊するだけでなく、本当の意味での安全保障は達成できないから、原発を動かさなくてはならないといっているのだ。

しかし、原発に反対している人たちは、原発を止めて、どうして産業を回していくのか、どうやって国民の生活を守っていけるのか、その解決法を一切出さない。再エネでは、産業は回らない。産業が回らなければ国民の生活は守れない。日本は沈没してしまう。助けてくれる国はない。

国が貧乏になるということはどういうことか？

貧乏になってもいいじゃないかという人がいる。もちろん、質素に暮らすのは、その人の自由だ。しかし、質素に暮らすか、贅沢に暮らすか、その選択ができるのは、国が豊かであるからだ。

国の富を外国資本にさらわれたら、そんな選択はできない。貧しい国では、国民は皆、否が応でも質素に暮らさなければならない。

そうなったとき、実際問題として、貧乏な国の国民が皆で助け合い、清く正しく暮らすことは不可能だ。そういう世界は、かつてマルクスやレーニンが夢見たが、それは今では軒並みつぶれてしまった。

現実の世界では、貧乏になった国には世界の投資家が群がる。そして、その海外の投資家と結びついている一部の日本人だけが、莫大な利益を得ることになるだろう。日本は安い労働力を提供する国になり、今まで何だかんだと言いながらも保たれてきた国民間の信頼も、みるみるうちに崩れていく。そして、ハイテクは外国に流出する。日本の技術を欲しがっている国は、世界にたくさんある。

日本ほど、貧富の格差が少なく、階級のない国は世界のどこにもない。この素晴らしい国を造ってきたのは、私たちの先人だ。戦後、皆が貧乏だったとき、もしも、一部の政治家が外国資本と結びついて、自分たちだけが暴利をむさぼろうとしたなら、おそらくそれは簡単にできたに違いない。しかし、日本ではそれが起こらなかった。そして、皆が一生懸命に働き、それが働いた人々に還元された。日本は、こうして本当に豊かな国になったのだ。

世界には、資源を持つ国は多い。しかし、それらの国々の国民が、皆、豊かに暮らしているとは限らない。ノルウェーは、その資源を上手に生かして、豊かな国を造った。しかし、多くのアラブの国では、資源があっても依然として貧富の差があり、国家は乱れている。

日本が戦後、平和で、しかも豊かな国になれたのは、決して偶然ではない。その貴重な果実を、私たちが壊してしまっては、先人に申し訳ない。しかし、原発を動かさず、産業を弱体化していけば、きっとその日はやってくる。貧乏になってしまった今のギリシャでは、年金も医療保険も壊れ、国境なき医師団が入った。どれほど事態が深刻かは、それだけでもわかると思う。国が弱体化するのは早い。そして、弱った国を乗っ取るのは、いとも簡単なことなのである。

私がドイツへ渡った30余年前、病院では多くの韓国人の若い女性が看護師として働いていた。当時の韓国はまだ貧乏で、国内に職は無く、外貨稼ぎのため、政府はドイツ政府との労働契約を結んで労働者を派遣していた。しかしその後、韓国が経済発展すると、彼女たちはあっという間にいなくなった。今、出稼ぎに来ているのは、東欧や旧ユーゴスラビアの人たちだ。私は将来、日本人の娘たちが外国へ働きにいかなければならない時代が来ることを望まない。原発など要らないという人たちは、そこのところをよく考えてほしい。

脱原発は急いではいけない。長いスパンで、計画的にやらなければならない。これが、我々がドイツの脱原発から学ぶ一番大事なことだ。このままでは、日本は2020年のオリンピックまで持たないかもしれない。今まで多くの人の努力で築き上げられたものを壊してはいけない。できることならその上に、私たちも何らかの成果を積み重ねて、後に続く人たちに手渡したいと願う。

あとがき

津波でやられた土地に立つと、何ともいえない悲しさに襲われる。仙台も、石巻も、福島も、町が消えてしまった風景は強烈だ。ここに住んでいた人たちは、家を流され、家族を失い、今もどこかで悲しんでいる。そのうえ福島には、家はあっても、放射線の影響で戻れない人たちもいた。

福島第一の事故のあと、ドイツの脱原発が決まり、私は直ちにそのフォローを始めた。そして、日本とドイツのさまざまな状況の違いを知るにつれ、日本はドイツの脱原発を真似ることはできないという結論に達した。

とはいえ、それを発信するとき、私の心の中にはいつも躊躇《ため》いがあった。何も失わなかった私がそのようなことを主張するのは醜悪なことではないか、放射線汚染で生活を失った人々の気持ちを踏みにじるのではないかという疑問を、どうしても拭い去ることができなかったのだ。

ようやくそれが吹っ切れたのは、つい最近のことだ。２０１５年2月、私は福島第二原発を見学した。それどころか、核燃料を取り出したあとの格納容器の中にまで入った。その体験は私にとって、「悟り」に似ていた。ああ、ここまで来てしまったと思った。もう戻れない。私は、正しいと思うことを書き続けるしかないと、そのとき覚悟が決まったのである。

福島第二は、事故を起こした福島第一から南に約10キロメートル。3・11のときは、フル回転していた4基の発電機は地震を感知してすべて停止したが、そのあと巨大な津波がやってきた。しかし、福島第一と違ったのは、かろうじて外部電源が一つ生き残り、それが命綱となって、15日の朝、全機が無事に冷温停止したことだ。余震と厳寒という過酷な状況の下、そこにいたるまでの物語は凄まじい。家族の安否も分からないまま、使命感に支えられ頑張りとおした勇気ある人たちの体験談は、深く心に残る。しかし、それはまた、限りなく悲しい物語でもあった。

福島第二では、今も津波の傷跡が癒えていない。第一から20キロ以内だったため、活動が規制され、復旧作業が遅れた。発電所内の物は、多くは壊れたままだ。屋内の高いところにあるライトに浸み込んだ海水は、あたかも時間が止まってしまったかのように、4年前と同じく、まだそこに溜まっていた。敷地一帯に、無残という言葉が澱のように漂っていた。

しかし、そこにいたのは、歯を食いしばって頑張っている人たちだった。男性も女性も、ベテランも若手も、皆が心を一つにして、悲壮なほど真剣に、どうにか前に進もうとしていた。当面の目標は、安定した原子炉冷温停止状態を維持すること。地域に対する責任と、自社を愛する気持ちが痛いほど伝わってきた。その彼らの声を聞いたとき、私のしていることは間違っていないと、初めて素直に思えた。福島を復興させなければいけない。この豊かな日本を潰してはいけないのだ。そのためには、私たちはもうしばらく原発と付き合っていかなければならない。

この4年間、あちこちで発表してきた内容をまとめ、大幅に加筆したのが本書だ。執筆に当たっては、多くの専門家に教えを乞うた。ここで一人一人のお名前を上げられないことはお許しいただきたい。いくつかの電力会社では、いろいろな施設を見学させてもらった。そこで一番印象に残ったのは、現場の人たちの生真面目さだった。私の文章が電力会社に若干好意的になっているとしたら、それは、私が接した現場の人たちの印象がそうさせたのである。

ドイツの事情については、連邦経済エネルギー省の担当役人、シュトゥットガルト大学、コンスタンツ大学の教授の意見を直接聞いた他は、各主要メディアの報道を追い、関係各省庁のプレス発表、そして、なるべく多くの研究所や環境団体などの資料に当たり、参考にした。なお、草思社の久保田創氏が物理畑の出身であったことは私にとって幸運だった。彼の多くの助言に心より感謝したい。

書き終えて思うのは、まだまだ学ぶことは山ほどあるということだ。しかし、日本が今ドイツを真似て、脱原発という無謀な道を歩むべきではないという思いは変わらない。ドイツと日本は、似ているようで似ていない。

最後になったが、福島の復興が叶い、一日も早く人々が故郷に戻れる日の来ることを祈念する。

そして、私たちが育った豊かな日本を、子供たちにも残せますように。

2015年、春爛漫のシュトゥットガルトにて

川口マーン惠美

文庫版のためのあとがき

２０１１年のエネルギー転換で、ドイツの電力会社が計画的な発電事業が展開できなくなり、経営不振に陥ったこと、その対策として２０１６年、ＲＷＥとＥ．ｏｎが分社を含めた構造改革を実施したことは本文で触れた。

２年前、ＲＷＥの子会社 Innogy が再エネに特化した新会社として設立されたとき、ドイツメディアは同社のことを、これまでの「汚い発電事業」から離脱した希望にあふれた未来の象徴として寿いだ。

ところが、２０１８年３月11日、驚くべきニュースが流れた。この日（日曜日）の深夜１時15分、Innogy の分解が突然、発表されたのだ。なぜ、このような時間に発表されたかというと、株式市場の混乱を極力抑えるためであったと思われる。この電力再編の影響は、それほど強大なのである。ちなみに、その途端、株価はＲＷＥ、Ｅ．ｏｎ、Innogy ともに、皆、跳ね上がった。

再編の目的をひとことで言うなら、無駄な競争をやめるため、ドイツ最大の電力会社であるRWEとE．ｏｎの事業を一つにまとめ、無駄な消耗戦に終止符を打つことだ。具体的には、Innogyの再エネ部門はRWEに移し、元々RWEが持っていた原子力、火力などと纏める。つまり、発電事業はすべてRWEが行う。一方E．ｏｎの業務は、送電、配電、販売だけに絞る。ドイツという国の産業の規模を鑑みれば、発電を一括、その他を一括にしたのだから、間違いなく壮大なディールである。

実は電力事業で確実に儲かるのは、送電・配電・販売部門で、現在、E．ｏｎの売上の65％もここで上がる収益だ。そこで、ＲＷＥにはそのおいしい部分を奪ってしまう見返りとして、E．ｏｎの株の16・7％が渡ることになる。これで儲けを均等にするわけだ。

ただ、ここで起こったことは、よく考えると自由化とは真逆の流れである。電力事業は、自由競争どころか、集約され、寡占に近づいたといえる。とはいえ、「自由化」のため、国家の規制が緩くなっているわけだから、エネルギー安全保障は、利潤の創出を第一とする民間企業に委ねられてしまっている。いずれにしても、このディールで５０００人の雇用が失われるという。

これを複雑な話と見るか、あるいは単純な話と見るか、意見は分かれると思うが、その実態は、政府が断行した無理無体なエネルギー政策で弱体化した電力会社が、生き残るために編み出した苦肉の策であるということは確かだ。自由市場でありながら、自由な営業権を奪われた電力会社の、政府への精一杯の抗議行動であろう。

『ドイツの脱原発がよくわかる本』を上梓してから、早3年が過ぎた。ドイツのエネルギーに関する当時の問題点は、今もほとんど変わらない。電力会社の苦闘は未だに続いており、だからこそ、上記のような事態が起こる。3年前は9基の原発が動いていたが、2016年6月末に1基、2017年12月末に1基と、2基の原発が止まったので、現在は7基。ドイツは南部に産業が集中しているので、ここではしばしば電力が足りなくなり、周辺地域、あるいは隣国から電気を買っている。

しかし、年間で見れば、再生エネルギーが増えすぎて外国に流しているため、量に関しては、「輸出」の方が輸入を超えている。ただし、廉価、ときにはマイナス価格で売っているため、輸出で必ずしも儲かるわけではない。この赤字分を、いつまでも消費者の電気代に乗せ続けるわけにはいかないだろう。

脱原発のリミット2022年まで残り4年を切った。本当に最後の原発が止まったとき、ドイツの電力は何によって支えられるのだろう？　ドイツのような大国が、べースロード電源を他国に依存するということはありえないので、結局、火力の強化という線がまた浮上してくるのではないか。そうなると、現在、儲からないRWEが復活する可能性さえある。

ところが奇妙なことに、ドイツの大手のメディアはそういう問題を一切取り上げない。あたかも、国民の目を覚まさせないために気を遣っているかのようだ。これまで火力を環境の敵と非難し続けてきたのは、環境団体であり、マスコミであったため、「実は再エネには原発を代替する実力はありませんでした」とは、今さら言えないのだろう。しかし、いくらタブー視していても、それはまもなく明らかになる。そのときの国民の怒りをどこか他のところへ誘導するよう、今、政府も再エネ派も懸命に知恵を絞っているように見える。

ドイツの2011年のエネルギー転換の肝のところは、議会での正式な審議もなく、メルケル氏がかなり独善的に進めたものだ。そして、この決定は、すでにドイツの産業を圧迫し、また、将来何十年にもわたって国民に多大な経済的負担をかけ続ける。だから、2018年3月、ようやく緒に就いた第4次メルケル政権では、今後4年間、エネルギー問題とそれに関する世論への対応が、大きな課題となるだろう。

ドイツはプライドがあるので、2022年、原発をすべて止めると思う。しかし、足りない電気は隣国からもらい、余った電気は隣国に出すという綱渡りは、今よりももっと深刻になるはずだ。隣国と協力できない日本が、それを真似するということは絶対にあり得ない。日本での原発ゼロを望む人たちは、どうか、その解決策を作ってから主張してほしい。

２０１８年3月
暖かい春の光の中で

川口マーン惠美

書籍その他

The Energy Collective（エネルギーコレクティブ）　ロバート・ウイルソン氏記事　A Case Study in how Junk Science is Used by Anti-Nuclear Environmentalists
http://theenergycollective.com/robertwilson190/2148016/do-terrorists-attack-nuclear-power-plants-every-couple-years-use-pseudo-scie

日経ビジネスオンライン　ロバート・ゲール氏インタビュー　「東日本大震災　今の放射線は本当に危険レベルか、ズバリ解説しよう」
http://business.nikkeibp.co.jp/article/manage/20110323/219112/

パンフレット「電気事業と新エネルギー2011-2012」（電気事業連合会）

『エネルギー問題入門』（リチャード・ムラー著／二階堂行彦訳・楽工社）

『福島　嘘と真実』（高田純著・医療科学社）

『黒部の太陽』（木本正次著・信濃毎日新聞社）

『電力と震災』（町田徹著・日経BP社）

『死の淵を見た男』（門田隆将著・PHP研究所）

『里山資本主義　日本経済は「安心の原理」で動く』（藻谷浩介、NHK広島取材班著・角川書店）

日本政府などの機関

経済産業省 http://www.meti.go.jp/
経済産業省 蓄電池戦略プロジェクトチーム「蓄電池戦略」
http://www.enecho.meti.go.jp/committee/council/basic_problem_committee/028/pdf/28sankou2-2.pdf
資源エネルギー庁 総合資源調査会 基本政策分科会資料
http://www.enecho.meti.go.jp/committee/council/basic_policy_subcommittee/
環境省 放射線による健康影響等に関する統一的な基礎資料
http://www.env.go.jp/chemi/rhm/kisoshiryo-01.html
日本原子力研究開発機構
http://www.jaea.go.jp/index.html
原子力規制委員会
http://www.nsr.go.jp/
国家戦略室コスト等検証委員会報告書
http://www.cas.go.jp/jp/seisaku/npu/policy09/archive02_hokoku.html

日本の電力会社および関連機関／その他の研究・情報提供機関

東京電力	http://www.tepco.co.jp/
東北電力	http://www.tohoku-epco.co.jp/
中部電力	http://www.chuden.co.jp/
関西電力	http://www.kepco.co.jp/
中国電力	http://www.energia.co.jp/
四国電力	http://www.yonden.co.jp/
海外電力調査会	http://www.jepic.or.jp/
電気事業連合会	http://www.fepc.or.jp/
電力中央研究所	http://criepi.denken.or.jp/
海外電力調査会	http://www.jepic.or.jp/
RIST 原子力百科事典ATOMICA	http://www.rist.or.jp/
原子力資料情報室	http://www.cnic.jp
黒部ダムオフィシャルサイト	http://www.kurobe-dam.com/

ドイツのエネルギー企業および関連機関／その他研究・情報提供機関

E.on http://www.eon.com/de.html
RWE https://www.rwe.com/web/cms/en/8/rwe/
EnBW https://www.enbw.com/index.html
Vattenffall https://www.vattenfall.de/
MAXENERGY https://www.maxenergy.de/privatkunden/
BDEW（Bundesverband der Energie- und Wasserwirtschaft e. V.エネルギー・水道事業者連合）
https://www.bdew.de/internet.nsf/id/DE_Home
EPEX（European Power Exchange）
http://www.epexspot.com/de/
RWI経済研究所 http://www.rwi-essen.de/
Bird & Bird http://www.twobirds.com/
Institut der deutschen Wirtschaft Köln（Cologne Institute for Economic Research）
http://www.iwkoeln.de/de/themen/umwelt-und-energie/energie-und-rohstoffe

ドイツのメディア

Der Spiegel（シュピーゲル） http://www.spiegel.de/
Die Welt（ディ・ヴェルト） http://www.welt.de/
FAZ（フランクフルター・アルゲマイネ） http://www.faz.net/
Handelsblatt（ハンデルスブラット） http://www.handelsblatt.com/
Die Zeit（ディ・ツァイト） http://www.zeit.de/index
ARD　Das Erste（第一ドイツテレビ） http://www.ard.de/home/ard/ARD_Startseite/21920/index.html
ZDF　heute（第二ドイツテレビ） http://www.heute.de/

参考Webサイト・参考文献

国際機関・EU機関

世界銀行　統計情報　http://data.worldbank.org/
国際原子力機関　https://www.iaea.org/
CEER（Council of European Energy Regulators ）
http://www.ceer.eu/portal/page/portal/EER_HOME
ACER（Agency for the Cooperation of the Energy Regulators）
http://www.acer.europa.eu/Pages/ACER.aspx
Eurostat（欧州委員会の統計担当部局）
http://ec.europa.eu/eurostat
EU市民のための、恒久的で安全で調達可能なエネルギー　Energie: Nachhaltige, sichere und erschwingliche Energie für die Bürger Europas
http://bookshop.europa.eu/de/energy-pbNA0614043/

ドイツ政府等の機関

ドイツ連邦共和国　経済エネルギー省　http://www.bmwi.de/
ドイツ連邦共和国　環境省　http://www.bmub.bund.de/
連邦放射線防御庁　http://www.bfs.de/bfs
連邦系統規制庁
http://www.bundesnetzagentur.de/cln_1412/DE/Home/home_node.html
バーデン・ヴュルテンベルク州　環境・気候・エネルギー省
https://um.baden-wuerttemberg.de/de/startseite/
バイエルン州　経済・メディア・エネルギー・テクノロジー省
http://www.stmwi.bayern.de/

ドイツ政党・NGOなど

キリスト教民主同盟（CDU）　http://www.cdu.de/
ドイツ社会民主党（SPD）　http://www.spd.de/
同盟90/緑の党　http://www.gruene.de/startseite.html
グリーンピース（ドイツ）　http://www.greenpeace.de/

草思社文庫

脱原発の罠
日本がドイツを見習ってはいけない理由

2018年6月8日　第1刷発行

著　者　川口マーン惠美
発行者　藤田　博
発行所　株式会社 草思社
〒160-0022　東京都新宿区新宿 1-10-1
電話　03(4580)7680(編集)
03(4580)7676(営業)
http://www.soshisha.com/

本文組版　株式会社 キャップス
印刷所　中央精版印刷 株式会社
製本所　中央精版印刷 株式会社
本体表紙デザイン　間村俊一

ISBN978-4-7942-2335-7　Printed in Japan